〔英〕保罗·梅森　著
丁将　译

童趣出版有限公司编译　人民邮电出版社出版
北　京

图书在版编目（CIP）数据

千万不要设计一辆自行车 ：给孩子的创客养成笔记 / (英) 保罗·梅森著 ；童趣出版有限公司编译 ；丁将译 . -- 北京 ：人民邮电出版社，2021.8
ISBN 978-7-115-55533-5

Ⅰ. ①千… Ⅱ. ①保… ②童… ③丁… Ⅲ. ①机械设计－少儿读物 Ⅳ. ①TH122-49

中国版本图书馆CIP数据核字(2020)第245159号

著作权合同登记号 图字：01-2019-5545

著：［英］保罗·梅森
翻译：丁将
责任编辑：王宇絜
责任印制：李晓敏
封面设计：王东晶
排版制作：涿州英华佳彩广告有限公司

编：童趣出版有限公司
出版：人民邮电出版社
地址：北京市丰台区成寿寺路11号邮电出版大厦（100164）
网址：www.childrenfun.com.cn

读者热线：010－81054177
经销电话：010－81054120

印刷：北京捷迅佳彩印刷有限公司
开本：889×1194　1/16
印张：11.5
字数：380千
版次：2021年8月第1版　2021年8月第1次印刷
书号：ISBN 978-7-115-55533-5
定价：128.00元

目录

目录

目录

目录

自行车

设计世界上最棒的自行车

自行车非常能体现人类的智慧。骑自行车不仅能够让人快捷地去往周边区域，而且能让人健康、长寿，还可能让人变得更聪明！现在，假设你被邀请来设计一辆自行车。

你要设计的并不是普通的自行车，这种自行车要能够帮助生活在非洲的儿童，让他们上下学更加容易，从而更好地接受教育。

研究笔记

在非洲的许多地区，儿童生活的地方都离学校非常远，并且他们只能步行上学和回家。

为了让他们去学校更便捷，慈善组织开始对老旧自行车进行改造，并发放给贫困家庭。这样，贫困家庭的孩子就能够骑车去学校了，比走路节省不少时间。

自行车也能够作为家庭交通工具，把货物运到市场上，或者把水运回家。

不管是什么样的自行车，有总比没有强。不过如果自行车能够小一点儿的话，这个小男孩就更容易骑了。

解难题！

假设步行的平均速度是5千米/时，那么步行8千米去学校，需要多长时间呢？你可以这样计算：

- 1小时等于60分钟，也就是60分钟能走5千米；
- 用60除以5，可以得到走1千米需要多少分钟；
- 再用得到的结果乘以8。

另外，再计算一下以12千米/时的平均速度骑自行车上学需要多长时间。

翻到第169页看看你算得对不对。

一辆好的自行车能带你到达高山之巅。

研究设计方案

你要设计的是一种全新的自行车。它的主人家境贫困，所以这种自行车必须便宜而且耐用。

设计工作的第一步是搜集信息，了解自行车的使用环境和使用方式（第4~5页的内容会对你有所帮助）。接下来，你需要做些研究工作，了解哪些设计是可行的。自行车设计信息的获取渠道有很多：

1. 你的个人经验

你和你的朋友喜欢骑哪种自行车？你自己的自行车上有没有不错的设计？

2. 书籍和互联网

有很多书籍和网站会介绍不同种类的自行车。你能够了解到的自行车种类包括：

- 公路自行车
- 旅行自行车
- 通勤自行车
- 越野自行车

3. 自行车商店

在自行车商店工作的店员通常具备丰富的自行车知识。如果你趁商店生意不忙的时候过去，向店员描述你想要什么用途的自行车，他们可能会给你一些建议。

在拥挤的城市中，骑自行车是一种很棒的出行方式。自行车比汽车占用的面积小得多，也不会造成空气污染。

理想的自行车

成功的设计必须能够完完全全地满足非洲孩子的使用需求。下面是对这位名叫帕梅拉的小女孩的访谈记录。非洲有无数和帕梅拉一样的孩子，这份访谈记录可以让你了解他们需要什么样的自行车。

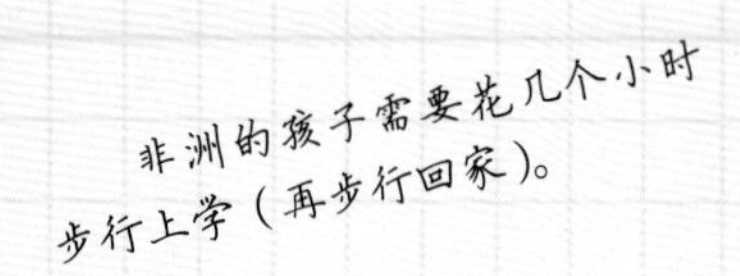

非洲的孩子需要花几个小时步行上学（再步行回家）。

情况档案

姓名：帕梅拉·奇坎达

年龄：13

国家：赞比亚

你生活在什么地方？

我住在赞比亚的一个小村庄，和父母、弟弟住在一起。

小村庄里没有自行车商店，所以自行车必须得足够结实。万一出了故障，还得容易修理。

你家到学校有多远？

学校距离我家8千米。我走路上学，因为不通公交车。况且我的父母也付不起公交车费。

你的一天是怎样的呢？

我早晨5点起床，这样才能保证7点到学校。我经常迟到，会错过第一节课。学校中午12点放学。

给帕梅拉的自行车，价格必须尽可能低。

上下学的路是什么样呢？

大多数的路都是泥土路。旱季的时候，路面是硬的，坑坑洼洼、尘土飞扬。到了雨季，路面很快就变得十分泥泞。路上有几个山坡，都不陡峭，也不长。

你设计的自行车必须能够在坑洼的路面上骑行，还要能够在满是尘土和湿滑、泥泞的路面上骑行。

步行上下学对你有什么影响？

步行太辛苦了，导致我每周只能上3天学。有时候我会觉得很难集中注意力，或者干脆在课堂上睡着。

如果你有一辆自行车，你的家人也会使用它吗？

当然，我爸爸能够用它运送作物。我也能骑自行车带我的弟弟！

这辆自行车必须能够载人载物，并且各种不同体型的人（从帕梅拉到她爸爸）都得能骑这辆车。

这辆自行车既要能载人，还得能当手推车用。

解难题！

结合访谈的内容，把这辆自行车必须具备的特点列一个简短的清单。比如，其中一个特点可能是“坚固耐用”。

之后，当你对设计的每个部分进行检查的时候，这张清单（或者叫“设计概要”）就能够帮助你做出决策。比如，对于坑坑洼洼的路面而言，窄轮胎就不是最好的选择，而宽轮胎对颠簸的缓冲效果会好得多。

你可以把自己的想法与第6页和第169页上的设计概要进行对比。

第1步 制订理想设计方案

你已经读过帕梅拉的访谈记录（第4～5页），也研究了各种各样的自行车设计方案。现在，你可以拿起铅笔，着手画出理想设计的草图了（画图的时候可以准备一块橡皮，毕竟没有任何设计是第一次画就能尽善尽美的）。

“非洲之车”设计概要

这辆自行车要具备以下特点：

· 坚固
· 不易损坏
· 便宜
· 在颠簸的路面也能舒适骑行
· 易于修理
· 在尘土多和湿滑泥泞的环境中都能正常使用
· 能够载人载物
· 适合各种体型的骑行者

悬挂前叉和座杆

能够缓冲坑洼路面的颠簸。

当自行车上坡时，前叉能够锁死固定。

后轮上 8 个齿轮，曲柄上 3 个齿轮

自行车一共有 3 x 8 = 24 种齿轮组合供选择。

这样能够轻松地骑上山坡，下坡时速度比较快。

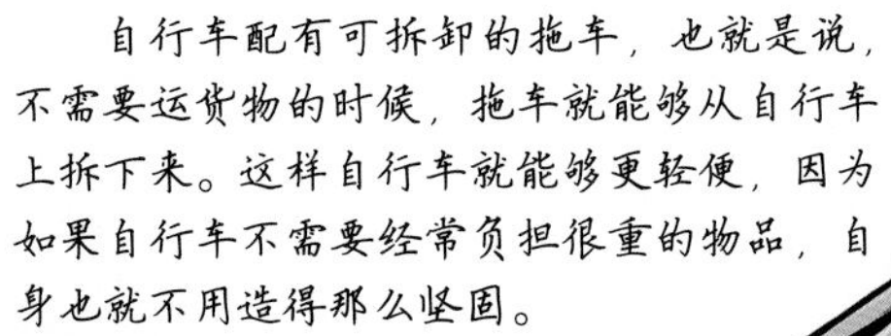

自行车配有可拆卸的拖车，也就是说，不需要运货物的时候，拖车就能够从自行车上拆下来。这样自行车就能够更轻便，因为如果自行车不需要经常负担很重的物品，自身也就不用造得那么坚固。

用来携带货物的拖车

与车架相连，不需要时也可以拆下来。

铝质车架

车架轻盈能够让自行车速度更快。

碟式刹车

无论在干燥还是潮湿的环境中，都能达到良好的刹车效果。

理想设计能不能变成真正的自行车？

这张草图只是理想中的设计图。在真正制造这辆自行车之前，你需要对设计中的各个部分进行检查。这个过程是为了确保这辆车造出来时，能够完全满足设计概要中的要求。

所以，接下来要做的设计工作就是更加仔细地审视每个部分，看看理想能不能成为现实。

第2步 选择车架材料

原本的设计方案中，自行车的车架是用铝做的。大多数现代自行车都是铝质（这种材料叫作“铝合金”）车架。但是对于“非洲之车”来说，铝合金是最佳的材质吗？

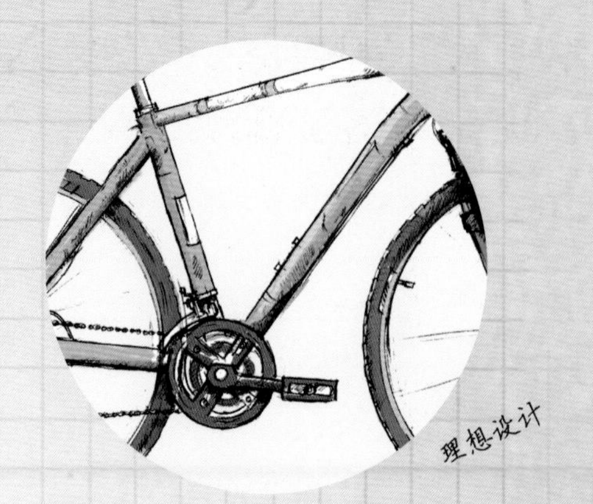

理想设计

铝合金vs钢

人们选择铝合金作为车架材料，是因为它比另一种主要的车架材料——钢——更轻。但是，两种材料的区别不止于此。对于我们的设计来说，其他的差别也很重要。

研究笔记

质量和强度：铝合金比钢轻，但是钢的强度更大。也就是说铝合金车架的管材要比钢质车架更厚。

坚固性：钢比铝合金更坚固。铝合金的性质有点像玻璃，如果弯折让它产生形变，它就会断裂；而钢具有延展性，凹陷或弯曲都不会使它断裂。

舒适度：钢的柔韧性优于铝合金。这也就意味着，当自行车在坑洼的道路上行驶时，钢质车架能够吸收部分震动；而骑铝合金车架的自行车时，这种震动会直接传递到骑行者的手掌和屁股上。

修理难度：如果钢折断了，只需用基本的焊接设备就能修理；而修补折断的铝合金难度就大一些，有时候几乎是不可能完成的。

环境影响：生产铝合金比生产钢铁消耗更多能源，而且制作铝合金车架用到的金属更多。

越野（BMX）自行车必须非常坚固！因此经常使用钢质车架。

竞速自行车车身对轻巧的要求比对坚固的要求更高，所以往往使用铝合金车架。

解难题！

现在，利用研究笔记中的信息，并结合第6页的设计概要，决定自行车使用铝合金车架还是钢质车架。你可以借助右边这个表格，分析两种材料的利弊，看看哪种材料能满足设计概要的大多数要求，那这种材料就是最合适的。

设计概要	使用铝合金车架?	使用钢质车架?
坚固		
在颠簸的路面也能舒适骑行		
不易损坏	不相关	
便宜		价格略低
易于修理		
在尘土多和湿滑泥泞的环境中都能正常使用	不相关	
能够载人载物	是	是
适合各种体型的骑行者	不相关	

翻到第169页，看看你的想法对不对。

最终设计

经过对两种金属材料的比较，似乎更适合非洲孩子们骑行的自行车应该用钢质车架。这种车架坚固、舒适且容易修理，这些特点都是设计概要中的重要内容。延展性好等特点可能会对设计的其他部分产生影响。

第3步 考虑在颠簸路面上的舒适性

设计概要中提到，自行车在颠簸路面上骑行也要具有舒适性。原本的设计当中，车身使用了悬挂前叉和具有减震效果的座杆，当自行车在凹凸不平的路面上行驶时，这些装置能够吸收颠簸的震动。不过这些装置是否能够与设计概要的其他部分相适应呢？

理想设计

研究笔记

至少从19世纪90年代起，自行车上就已经出现了悬挂装置。现代悬挂装置用金属弹簧（或类似的装置）来吸收震动。

悬挂装置会增加车的质量和成本，不过它在山地车上十分常见。

为了达到理想的效果，现代悬挂装置必须要隔绝尘土和水。如果不经常清洁和保养，悬挂装置很容易发生故障。

现代自行车的悬挂装置复杂，需要精心养护。

要不要悬挂装置？

将设计概要和研究笔记进行对比后，我们的自行车设计似乎不需要减震前叉和座杆这一类悬挂装置。

设计概要	悬挂装置
坚固	否
在颠簸的路面也能舒适骑行	是
不易损坏	否，除非经常养护
便宜	否
易于修理	否
在尘土多和湿滑泥泞的环境中都能正常使用	否

悬挂装置与设计概要中的很多要求冲突！

不过，自行车骑行尽可能舒适仍然是非常重要的。作为设计师，你的工作就是找到提高骑行舒适度的解决方案。

解难题!

“非洲之车”必须尽可能舒适。你要怎么实现这个目标呢?

骑行者身体与自行车接触的部分被称为“接触点”,通过研究,可以了解如何让接触点更加舒适。

这个研究应该包括试骑尽可能多种类的自行车,看看这些自行车中哪种是最舒服的,以及是什么让它产生舒适感的(提示:试试能让你的身体坐得比较直的自行车,再试试那种需要你弓下身,把身体的许多重量放在手部的自行车。哪一种骑行姿势更加舒服呢?)。

下面的图片也能给你一些线索。翻到第169页,跟你的发现进行对比。

改进方案

最终设计

现在,设计方案发生了不少变化。我们去掉了原本的减震装置,取而代之的是更简单、经济且不易损坏的设计方案。自行车的车把更高、更宽,这样帕梅拉在骑车的时候,放在手部的重量更少,车把也能够根据骑行者的体型变换角度或升降。自行车的车座调整得更加宽大,并用软垫作为缓冲,所以更加舒适了。

第4步 确定车架设计

下一项工作是对车架的设计做最后的调整。从19世纪初起，几乎所有的自行车车架都采用了相同的形状。我们设计的车架是由两个共用一条边（即座管）的近似三角形组成的。对这个简单设计进行细微的调整，就能对最终成品产生重大的影响。

研究笔记

以下是自行车车架上最重要的尺寸，以及它们会对整个设计产生怎样的影响：

座管长度

如果座管太长，鞍座就不能降到足够低，无法给身材矮小的骑行者使用。

如果座管太短，鞍座就不能升到足够高，无法让身材高大的骑行者使用。

上管落差

上管两端距离地面的高度之差称为上管落差。自行车的上管几乎都是车把一端更高。

轮距

前轮中心点和后轮中心点之间的距离叫作轮距。自行车的轮距会影响操纵灵活性：

轮距长意味着转弯慢，轮距短意味着转弯快。

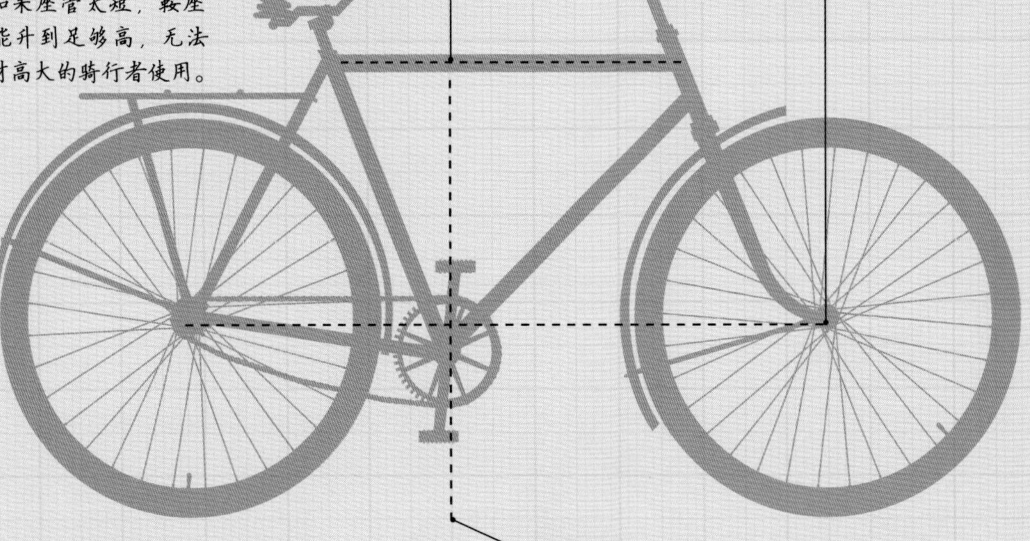

后下叉长度

后上叉和后下叉与座管构成了车架的后三角部分。后下叉长度决定了后轮在骑行者身后多远的位置。

站立高度

即骑手双腿跨过自行车上管的位置距离地面的高度。如果骑行者的腿没有此站立高度长，那么他骑这辆车的时候，就没办法停下来让双脚落到地面上。

解难题！

设计概要要求自行车尽可能适合不同体型的骑行者。

现在，这个要求就带来了问题。帕梅拉腿长69厘米，她爸爸腿长86厘米。所以自行车车架的座管需要长一些，这样座位就可以调高，腿更长的爸爸也能骑车。同时，自行车的站立高度必须较低，这样帕梅拉也能骑这辆车。

从这本书和网络上尽量多找一些不同的自行车设计，看看你能否找到解决方案。至少有3种解决方案。

翻到第169页，看看你的想法对不对。

设计改动

如果对车架的设计进行改动，自行车的设计就会更好。根据这几页内容，我们可以做几处调整。

车架的一些细节仍然需要进一步调整，它们会受到车轮规格（第14页）和轮胎宽窄（第16页）的影响。不过车架的设计现在已经基本结束了。

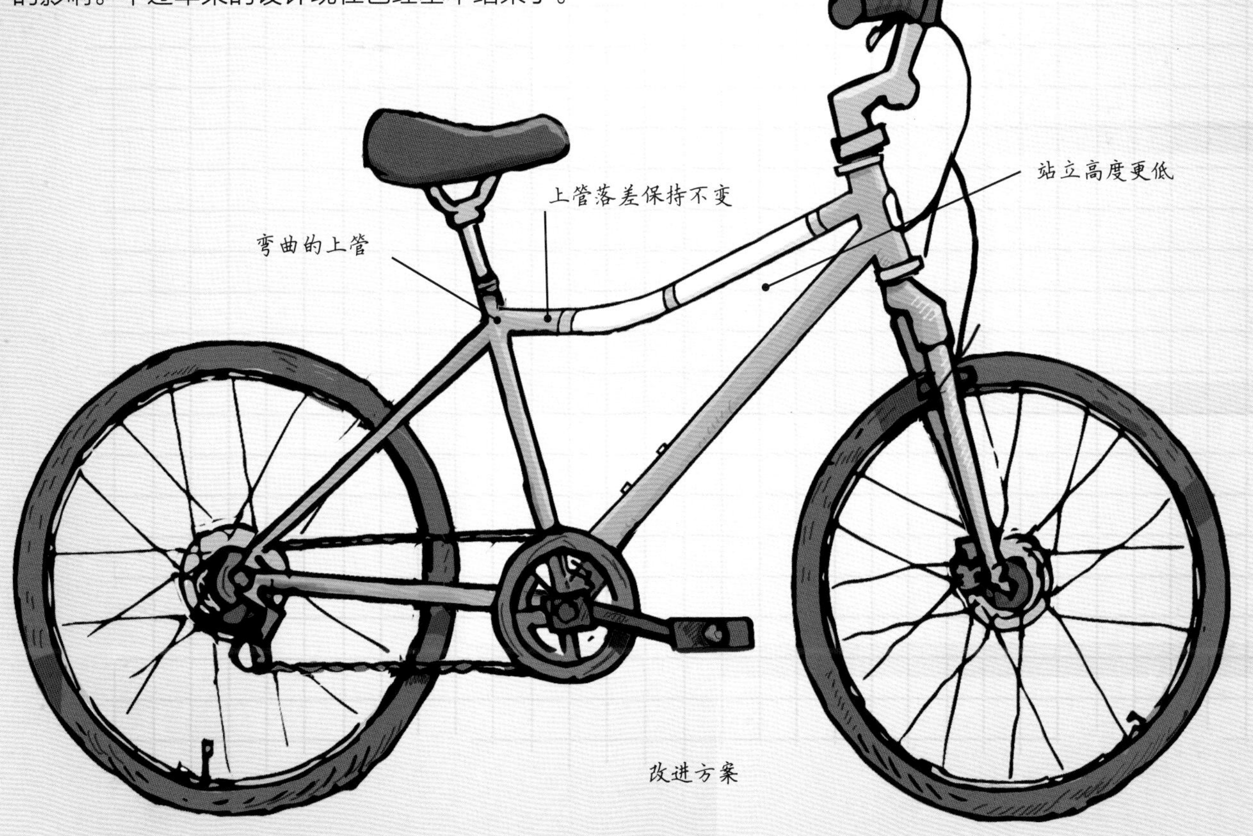

改进方案

第5步 选择合适的车轮规格

自行车的车轮主要有三种规格：26英寸、27.5英寸和29英寸。这三个数字指的都是车轮圈的直径。每一种规格的车轮各有优劣。在最初的设计当中，我们并没有明确车轮的规格。所以设计的下一步工作就是决定“非洲之车”用多大的车轮最合适。

车轮规格的基本规律是，大轮子的车可以轻松跨过障碍物，但是比较重、加速较慢；小轮子的车骑起来颠簸感更强，但是转弯和加速方便。

研究笔记

26英寸车轮

常用车型：沙滩自行车、山地自行车

特性：坚固、加速快、转弯灵活，适合各种体型的骑行者

轮胎及备件的获取便捷度和成本：获取方便；便宜

29英寸车轮

常用车型：现代山地自行车、公路竞速自行车

特性：重、加速缓慢，能驾驭颠簸的路段，只适合身高175厘米以上的骑行者

轮胎及备件的获取便捷度和成本：在富裕的国家获取方便；比26英寸车轮贵

27.5英寸车轮

常用车型：现代山地自行车、某些旅行自行车

特性：介于26英寸和29英寸自行车之间；不适合特别矮的骑行者

轮胎及备件的获取便捷度和成本：很难找到；比26英寸车轮贵

（注：1英寸 = 2.54厘米）

解难题!

结合研究笔记，为每种规格的轮胎打分。依据是这3种轮胎对于设计概要中每项要求的符合程度，最符合的得3分，最不符合的得1分。

翻到第169页，看看你的想法对不对。

设计概要	26英寸	29英寸	27.5英寸
坚固	3	1	2
在颠簸的路面也能舒适骑行			
不易损坏			
便宜			
易于修理			
在尘土多和湿滑泥泞的环境中都能正常使用			
能够载人载物			
适合各种体型的骑行者			
总分			

最终设计

最终我们决定采用26英寸的车轮。这个规格的车轮有3个决定性优势，让其他规格的车轮无法匹敌：

1. 它适合各种体型的骑行者，甚至帕梅拉和她的父亲之间这么大的身高差异都能满足。

2. 这是最坚固的一种规格，同时也最适合运输货物，需要修理的可能性也最小。

3. 轮胎及备件在非洲方便获取，如果出现损坏，修理起来比较方便。

改进方案

第6步 确认轮胎的宽窄

给自行车使用不同的轮胎，会让骑行的体验有很大的差异。原本的设计图中画的是窄轮胎，就像环法自行车赛中的自行车使用的一样。它们看上去能跑得飞快，但是现在我们需要考虑这种轮胎是不是最适合用在“非洲之车”上。

理想设计

回顾设计概要

在选择最合适的轮胎时，我们需要时刻记住设计概要中四个最重要的方面：

· 轮胎必须坚固

· 在颠簸的路面上骑行要舒适

· 在尘土多以及湿滑泥泞的环境中都能骑行

· 可以运送货物

坚固又舒适

自行车的轮胎具有减震作用，让骑行体验更加舒适。当自行车遇到小突起的时候，轮胎能够在一定程度上被压扁，这样突起造成的颠簸就不至于全部传递给骑行者。

研究笔记

赞比亚全年主要分为两个季节：雨季（11月至次年4月）以及旱季（5月到10月）。

雨水最多的月份为12月、1月、2月和3月。一年中的这几个月里几乎每天都下雨，并且通常会在下午下雷雨。

解难题!

宽轮胎和窄轮胎哪个更容易吸收震动？请看右面两个图示：

找一把尺子，量一量，如果这两种轮胎分别撞到石头上，轮胎都被压扁2厘米，会发生什么？翻到第169页，看看你的想法对不对。

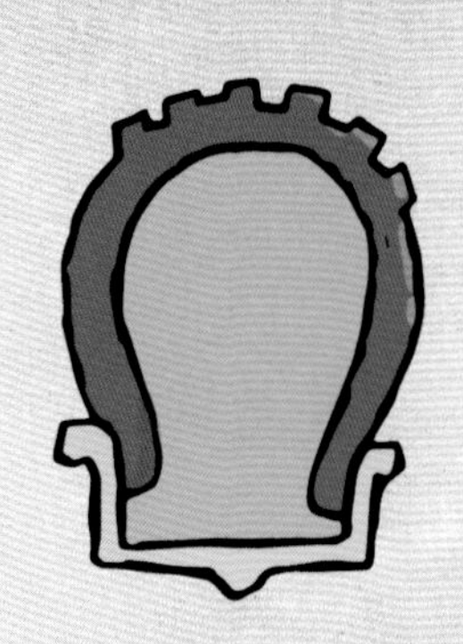

干旱、积水、泥泞——一切路况都能行！

你还需要再做一个选择：轮胎需要哪种类型的花纹呢？是像山地自行车那样疙瘩状的花纹，还是像沙滩自行车那样光滑一些的呢？

疙瘩状的轮胎抓地力好，这个特点在上坡时尤为实用。不过凸凹不平的部分有时候会被泥塞住，有些泥还会溅到骑行者的脸上或背上。这样的轮胎即使和挡泥板搭配使用，效果也并不好。

而光滑的轮胎在泥地里抓地力不好，不过它和挡泥板配合使用的效果好，能够让骑行者身上保持干爽。

解难题！

阅读研究笔记，想想帕梅拉上下学的时候路面是什么样的状态（请注意，她的学校早晨7点上课，中午12点放学，她上下学各需要40分钟）。

这是否会影响到对轮胎类型的选择呢？翻到第169页，看看你的想法对不对。

最终设计

考虑到自行车使用的时段，最终设计选择的是宽而没有突起的轮胎。自行车的基础结构——车架、车轮和轮胎——都已经完成了。现在只剩下一些关键细节（齿轮和刹车）需要检查了！

第7步 挑选合适的变速装置

原本的设计中，我们在自行车上安装了变速器。基于这样的设计，骑行者能够从多达24种不同的速度挡位中任意挑选。这些变速挡能让自行车爬上最陡峭的山坡，再从另一侧飞速骑下来。

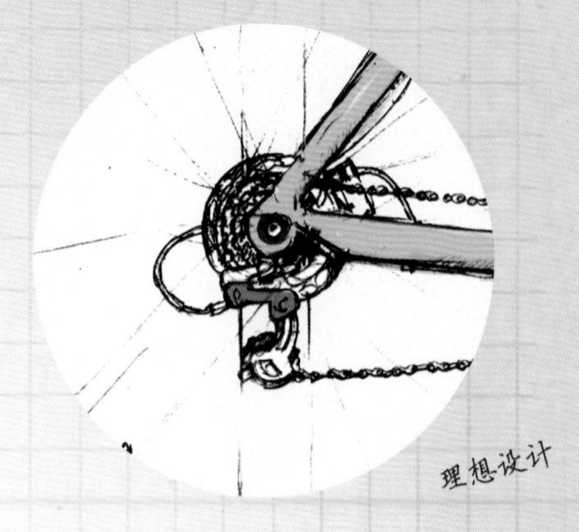

理想设计

检查是否符合设计概要

优秀的设计师会反复核对他们的设计是否符合最初的需求。变速器符合第6页所写的设计概要吗？这辆自行车必须：坚固、不易损坏、便宜、在颠簸的路面也能舒适骑行、易于修理、在尘土多和湿滑泥泞的环境中都能正常使用、能够载人载物、适合各种体型的骑行者。

需求中并没有提到爬陡坡和从山坡上快速骑下来，所以变速器是最佳选择吗？

研究笔记

自行车的变速装置主要有三种：

1. 变速器

变速器比较轻，价格相对便宜。

不同的齿轮组合让自行车在翻过又长又陡的山坡时更加容易。

变速器容易受损，不适合在泥泞的路上使用。

2. 内变速器

内变速器比较重、价格贵。

齿毂可以提供2～14种齿轮组合。

这些齿轮藏在车轮当中，所以非常坚固，不过修理起来要费点儿事。

3. 单速齿轮

这种传动装置又轻又便宜。

单速自行车只有一个齿轮，这种自行车在平地或缓坡上骑行都没有问题，但是不适合在陡坡上骑行。

单速齿轮几乎不会坏。

变速器

内变速器

单速齿轮

解难题!

为“非洲之车”选择最合适的变速装置。

给每一种变速装置从1至3打分（3代表最好，1代表最差）。

在右边这一表格中，根据研究笔记中的内容打分。

评分能够帮助你选出帕梅拉的自行车最适合用哪种变速装置。翻到第169页，看看你想得对不对。

设计概要	变速器	内变速器	单速齿轮
坚固	1		
在颠簸的路面也能舒适骑行	—		
不易损坏			
便宜			
易于修理			
在尘土多和湿滑泥泞的环境中都能正常使用		2.5	2.5
能够载人载物	3	2	1
适合各种体型的骑行者	—		
总分			

最终设计

从整体分数来看，没有哪个方案是完美的。没有任何一个选项能够在每项要求中都得到最高分。不过其中一种变速装置稳操胜券，它不是原本设计使用的变速器，而是单速齿轮。

改进方案

第8步 刹车

在“非洲之车”原本的设计中，我们使用的是碟式刹车。碟式刹车的效果非常好，在自行车飞速行驶的时候也能够立刻让车停下来，在湿滑的路上它也能正常使用。所以，会不会有其他因素让我们改变设计方案呢？

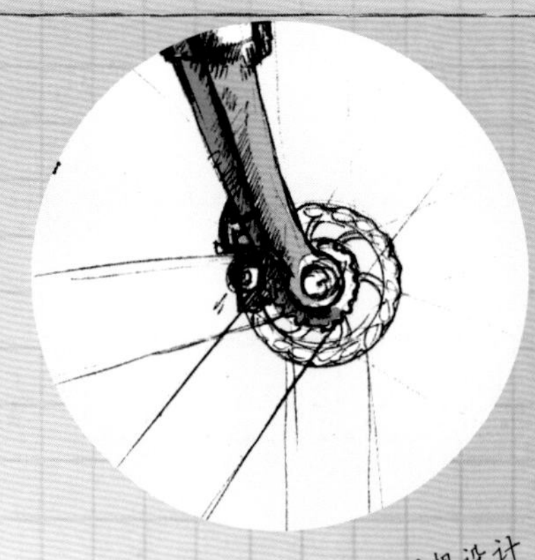

理想设计

碟式刹车

碟式刹车有很多优点，但是它并非完美无缺。这种刹车不仅贵，而且重；如果刹车出现故障或是损坏，维修或更换的费用都非常高；碟式刹车的构造也非常复杂，需要由专业人员来进行处理。

尽管如此，如果车速非常快，碟式刹车还是有必要的。不然，自行车就要有其他有效的刹车装置以保证安全。

研究笔记

倒轮闸藏在自行车的后轮当中，骑行者可以通过向后蹬脚踏板减速。

倒轮闸的刹车效率相当于在两个车轮上都安装刹车的65%。倒轮闸的优点在于不易损坏，与其他的刹车相比，它所需要的维护更少。

研究笔记

自行车的速度挡位以“传动行程”这个单位衡量。它表示骑行者每蹬一周脚踏板，自行车能够行进多远。如果速度挡位的传动行程为3米，就表示每蹬一周脚踏板，自行车能够向前走3米。

倒轮闸

解难题!

帕梅拉骑这辆自行车的时候，速度有多快？要算出这个速度，你需要两条信息：

1. 链条前面的齿轮为40齿，后面的齿轮为20齿。传动系统包含两个齿轮，传动行程4.2米（见研究笔记）。

2. 大多数人在轻松的骑车速度下，每分钟踩脚踏板约70周。

翻到第169页，看看你的答案对不对。

备选的刹车

以下是不同种类的自行车及其对应的最快速度与使用的刹车种类。把这些自行车和“非洲之车”的最快速度（“解难题！”部分的计算结果）做个对比，也许能够帮你决定“非洲之车”要使用哪种刹车。

自行车类型	最快速度	刹车类型
速降自行车	65 千米 / 时	碟式刹车
公路竞速自行车	110 千米 / 时	轮圈式刹车
城市自行车	30 千米 / 时	轮圈式刹车或倒轮闸
沙滩自行车	15 千米 / 时	倒轮闸

轮圈式刹车

最终设计

这辆自行车最终采用的刹车装置是倒轮闸。这种类型的刹车不会受到路上水和泥的影响，即便不进行日常养护，也能使用好几年都不会坏。如果最终还是出了问题，倒轮闸也很容易修理。

改进方案

第9步 载物装置

对于“非洲之车”来说，能够用来载物是很重要的。在访谈中，帕梅拉说，她父亲要用自行车把他种的作物拉到市场上，她也计划用自行车带弟弟。

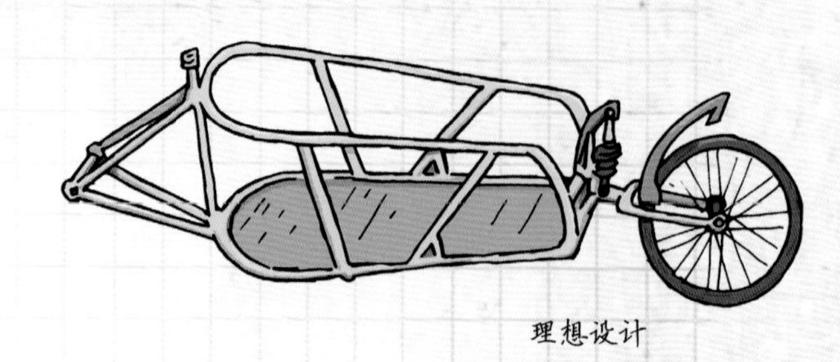

理想设计

原本的设计中，自行车带有一个可拆卸的拖车。但这个拖车存在两个问题：

1. 拖车会让总成本提高大约20%。

2. 尽管拖车用来载货很不错，但是用来带弟弟就不太好了！

车尾上的支架用螺钉固定在车架的孔眼上。

解难题！

找找看能用什么来替代拖车。上网研究一下其他用自行车搭载货物或一名乘客的方法。用这些关键词来搜索图片，可能会给你带来一些启发：

- 自行车+运货（能搜索出一些疯狂的结果）
- 货架
- 自行车+载人

记得多用几个搜索引擎，这样你能获得更多不同的结果。

哪种方法看上去最棒？把你的想法跟第169页上的答案做个对比。

车尾支架的功能不仅限于放物品。

最终设计

在“非洲之车”上，需要安装用于载人或载物的支架。最适合安装支架的位置是自行车的车尾。安装车尾支架有两种方法：可以用螺栓将它固定在车架上，也可以直接焊接到上面。

把货架焊接到车架上是最稳固的安装方式，因此这也是最佳选择。为了方便装货，自行车还需要一个坚固的、让车保持平衡的车脚撑架。

解难题！

需要多宽的支架？

支架的宽度要能够让人坐在上面，并能够摆放货物。不过也不能太宽，因为这样会增加不必要的质量。

和你的朋友们一起做实验，找到理想的宽度。试着坐在桌沿儿上，尽量靠近边缘并且不让自己滑下来。接着，量一量你坐的位置到桌子边的距离。假设这个距离就是乘客要坐的自行车支架的大小，你认为它足够宽吗？

改进方案

第10步 确定颜色和图案

现在，“非洲之车”的设计工作已经接近尾声了，我们只剩下一件事需要确定：车身的颜色和图案。给自行车上漆非常重要，因为这能防止车架生锈。而且，就像所有的设计师一样，你希望自己的设计看上去尽可能漂亮！

上漆的方法

给车架上漆主要有两种方法。一种方法是喷漆，另一种方法是用粉末涂料。对于“非洲之车”来说，粉末涂料是最合适的。粉末涂料形成的漆层坚固，价格便宜，而且和喷漆相比更加环保。

粉末涂料唯一的问题是，用粉末涂料粉刷车架很难使用多种颜色。也就是说，“非洲之车”只能是较单一的颜色。

解难题！

这辆“非洲之车”可以刷成两种颜色。利用第25页研究笔记中的信息选出最合适的颜色。

用复印或扫描的方式将下面这个自行车车架复制出来，涂上颜色，看看什么颜色的效果最好。

解难题!

首先，选择一种你想要的图案字体。文字最大高度为30毫米，否则贴纸就跟车架尺寸不匹配了。下面有两种字体供你参考：

宋体加粗：

Africa Bike AFRICA BIKE（非洲之车）

黑体：

Africa Bike AFRICA BIKE（非洲之车）

你还可以在网上寻找其他的可用字体试试，比如“楷体”和“幼圆”。

接下来，在计算机上挑选颜色。将背景色设为你为自行车车架选择的颜色，接着，改变文字的颜色，挑出你觉得搭配效果最好的一种。

研究笔记

对于生活在不同地区的人来说，同样的颜色有不同的意义。在非洲部分地区，以下颜色据说有特殊的意义：

红色：在南非意味着死亡和哀悼；在西非地区则是首领和仪式的专用颜色。

黄色：象征财富和社会地位。

蓝色：象征幸福和好运。

绿色：在南非象征自然；在北非代表不诚实。

黑色：象征年龄和智慧。

图案

在车架上贴上图案贴纸能够起到对外宣传的效果。这样其他人就能知道去哪里能买到便宜、坚固、不容易坏的自行车了。贴在车架上的图案必须容易阅读，并在车身的整体底色中相对明显。

在尼日利亚的婚礼上，人们经常身着黄色服饰。

世界上最棒的自行车？

现在“非洲之车”的每一个部分都已经确认无误了。你已经仔细检查过了车架、车轮、车胎、齿轮、刹车和其他部件，确认它们可以完成自己的使命。设计工作就算完成了。

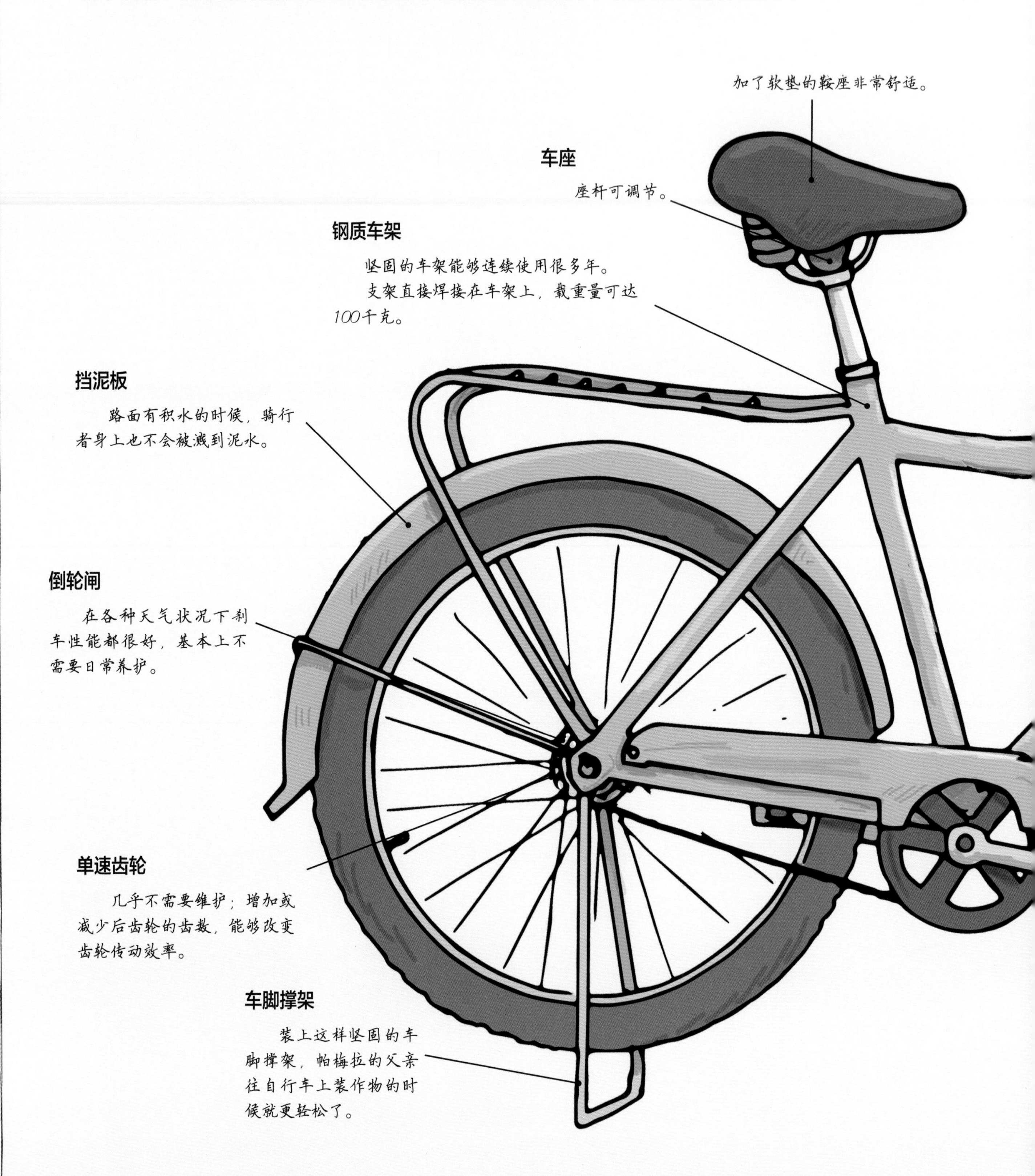

解难题！

生活在非洲的人需要了解这个伟大的新自行车设计！

想想自行车设计突出的所有特色和特点，从中挑选出三个你认为最受欢迎的，为每一个特色写一条宣传语。比如：

一辆能够骑一辈子的自行车！

这句宣传语能够告诉人们，这辆自行车的使用寿命非常长。

写好你的三条标语后，用彩色的艺术字设计一张引人注目的海报。

其他的顶级自行车设计

“非洲之车”可能是世界上最棒的设计，是最适合和帕梅拉一样的非洲孩子上下学使用的自行车。世界上还有很多其他非常符合其设计用途的自行车。下面是几个例子：

BMX自行车

品牌：DK自行车专业系列

上市时间：2015年

材质：铝合金

用途：自行车越野

这一款自行车的优秀当之无愧，因为杰米·贝斯特威克正是用这一款自行车打破了纪录，连续9年获得极限运动比赛中U型场地的越野自行车冠军。

载货自行车

品牌：多种品牌

上市时间：19世纪晚期

材质：通常车架为钢质，货车箱为木质

用途：运输大量货物，尤其是在城市之间的货物运输

载货自行车有的采用双轮，有的采用三轮（前面两个轮）。

沙滩自行车

品牌：多种品牌

材质：钢质或铝合金

沙滩自行车一般的配置是单齿轮、倒轮闸，外观休闲。20世纪30年代开始流行起来，一直到20世纪50年代，它都是美国最受欢迎的自行车。

速降自行车

品牌：GT

上市时间：2014年

材质：碳纤维及铝合金

用途：速降自行车赛

蕾切尔·阿瑟顿骑着这辆车获得了2015年速降自行车世界冠军。这辆车的车架和车轮非常坚固，前后轮的悬挂行程超过200毫米，这辆车几乎能够在任何路面上行驶！

公路竞速自行车

品牌：AX

上市时间：2015年8月

材质：碳纤维

用途：公路竞速

这款AX Vial Evo Ultra自行车于2015年上市，是当时全球最轻的竞速自行车。这辆车的质量跟一只吉娃娃差不多，只有4.4千克！

旅行自行车

品牌：Koga-Miyata世界旅行者

上市时间：1999年

材质：铝合金

用途：长途旅行

真的有人骑这款自行车进行环球旅行！事实上，马克·博蒙特在2008年打破了自行车环球骑行的最快纪录，他仅用了194天17小时就完成了全程29 446千米的环球骑行。

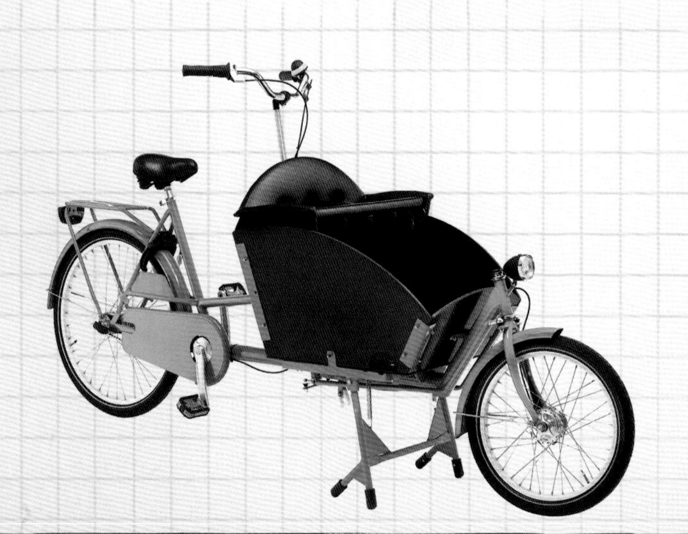

载货自行车用来进行短距离货运再合适不过。

机器人

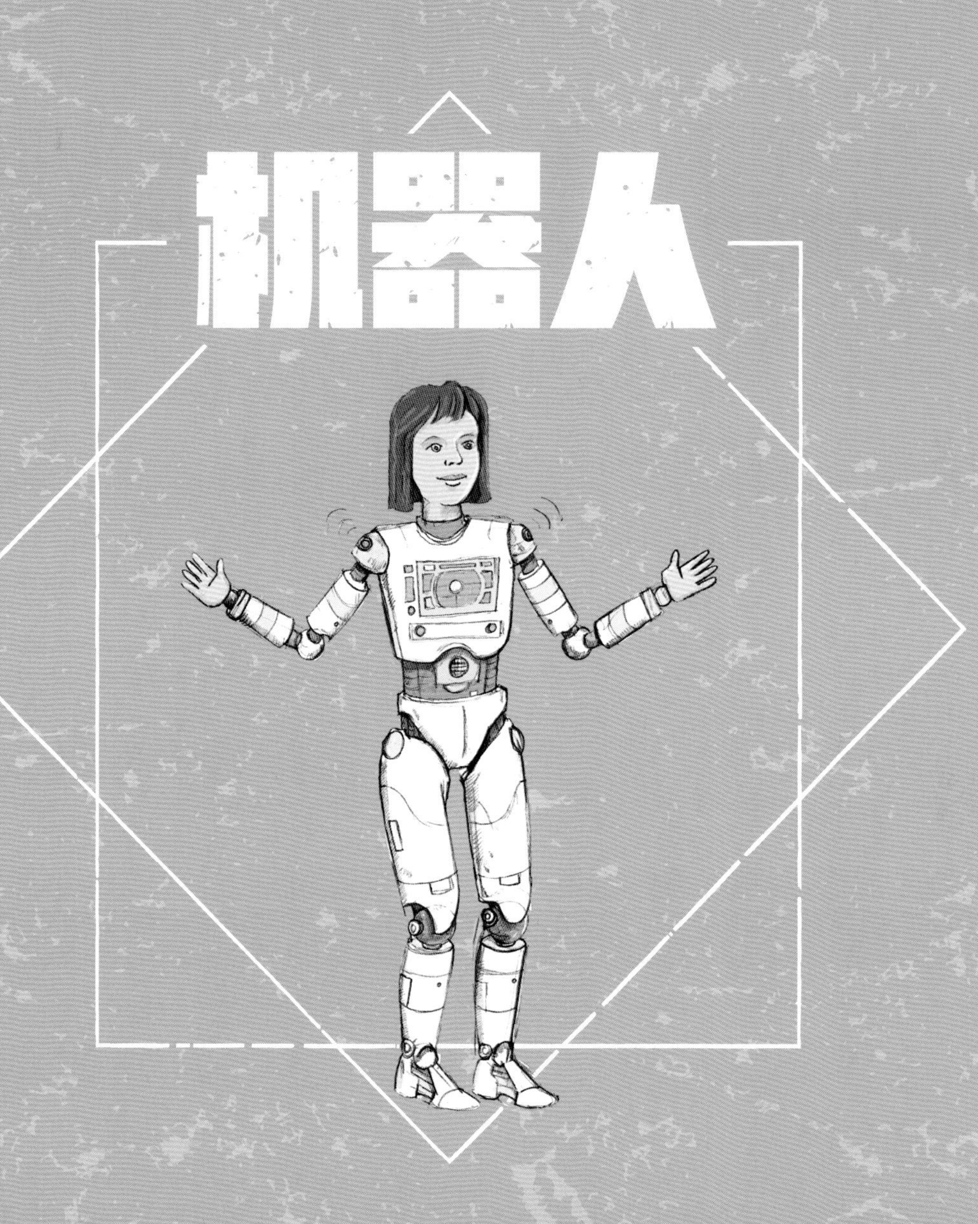

设计世界上最棒的机器人

如果新闻说得没错的话，很快，人类的每一项工作都可以由机器人完成了。我们会乘坐机器人开的车出行；生病时，纳米机器人可以帮我们恢复健康；机器人保姆会成为家务小帮手；孩子们会在机器人老师的指导下接受教育……似乎没有什么事情是机器人不能替我们做的。

设计属于你的机器人

假设你能够设计一个属于自己的机器人，你希望它能够帮你做些什么？（帮你做作业？那可不行……）一旦你决定了机器人的用途，你该如何设计它呢？在设计过程中，你需要做些什么决定呢？

研究笔记

机器人是能够代替人类完成工作的机器。机器人的英文“robot”一词来源于捷克语“robota”，意思是“被迫劳动”。当越来越多的人开始考虑让机器代替人类工作，“robot”这个词似乎就成了很恰当的名字。

这不是机器人车，而是机器人在制造汽车！图片中的是菲亚特汽车的发动机工厂。

研究机器人

首先，你要做些研究工作。你可能觉得自己了解机器人能做什么事，但是你的想法正确吗？

解难题!

机器人都可以完成哪些工作？你可以按照下面3个步骤进行研究：

1. 尽可能多地收集信息

用至少3种不同的互联网搜索引擎，尽可能多地了解已经在现实生活中使用的机器人。你可以用下列关键词搜索：

· 十佳机器人

· 新型＋机器人＋当年年份（比如“2020”）

· 最佳机器人

2. 将搜集来的信息稍作筛选

通读一遍你收集到的信息，然后剔除不可靠的信息。不可靠的信息往往会：

· 有大量错别字

· 逻辑不通

· 没有标明写作时间和作者

3. 整理信息

最后，将剩下的信息归类。这能方便你在之后的工作中快速找到自己需要的信息。比如，你可以设定这样的类别：“机器人如何移动”“机器人的功能”“朋友机器人”。

设计概要

研究工作结束后，你就可以开始制订“设计概要”了。所有设计的第一步都是列出设计概要。它是对产品功能的描述。比如，吹风机的设计概要可能是：必须具备冷热两挡。如果吹风机只能吹出冷风，那么这个设计就是不合格的。最终，符合设计概要中所有要求的设计才是成功的设计。

世界上最糟糕的吹风机？这个产品的设计师根本没好好想设计概要！

设计概要：机器人的用途是什么？

人们总是幻想机器人能够成为自己的帮手，机器人的工作就是让人类的生活更加便捷。本书中的机器人就是一个这样的机器人助手。它叫米娅，将被设计在医院中使用，主要工作是和生病的孩子做朋友。这个机器人还将装载软件，以便完成特定的工作。

解难题！

医院机器人要具备什么技能？你需要想出这些技能，并写进设计概要中。

下面是机器人要帮助人类做的一些事情。试着想一想，机器人需要具备什么技能才能完成这些工作。第一项工作中所需的技能已经写在表格中作为示例了。

工作	所需技能
为患者派发食物和饮品	行动自如；能识别物体；能把物体递给患者；可能还得会说话，并能听懂人类语言
给患者发药	
向患者解释治疗方案	
陪伴和娱乐患者（尤其是儿童患者）	

翻到第170页，看看你的想法对不对。

研究笔记

“机器人”最早于1920年出现在戏剧《罗梭的万能工人》中。剧中，机器人是被批量生产的工人。它们很容易被误认为是人类，但是它们既感受不到情感，也不会独立思考。从此之后，人们便将机器人想象为人类的帮手，它们的使命就是让人类的生活更加便捷。

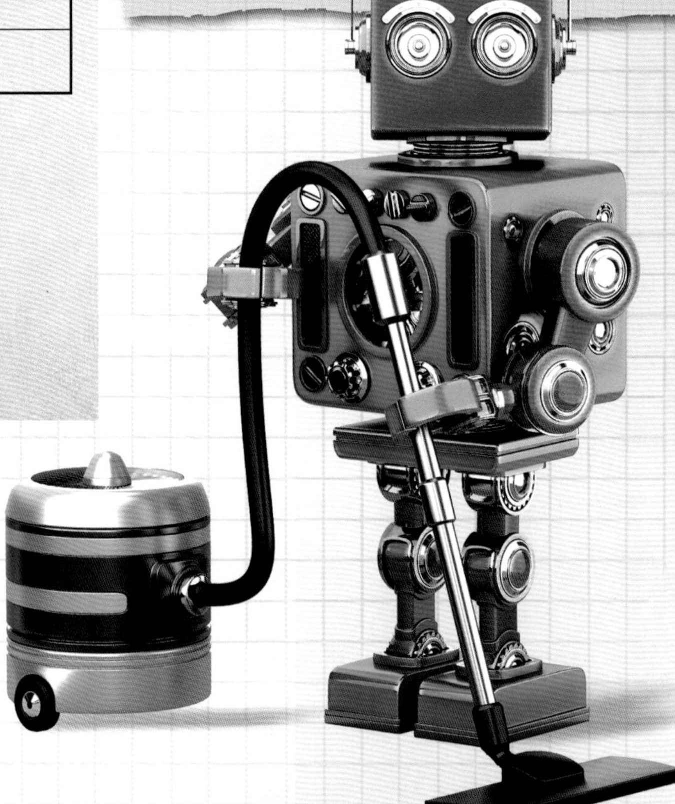

至少从20世纪50年代开始，帮助人类清除灰尘的机器人就是非常受欢迎的创意。

解难题!

在开始设计前，你还需要考虑几件事情。和两个或者两个以上的伙伴组队，一起讨论下面的问题：

1. 你认为机器人的外表重要吗？如果机器人面无表情，是否适合在医院里工作？（请注意，这个机器人会与生病的孩子接触。）

2. 机器人是否需要很强壮？强壮意味着机器人又大又沉。（提示：结合机器人的工作内容来考虑这个问题。）

3. 机器人需要做多大？花费多少成本？一个巨大、昂贵的机器人是不是会比六个小而便宜的机器人更好呢？

翻到第170页，看看你的想法对不对。

最终的设计概要

“解难题！”中的内容给你提供了一些关于设计概要的想法。以下是机器人可能需要具备的特点：

· 行动自如
· 能移动物体
· 能识别物体和人类
· 会说话并能听懂人类的话
· 能处理信息
· 能感知周围的环境
· 外表和行为友善
· 小巧、便宜

你之前的研究工作（第31页）可能对于设计概要如何变成真正的机器人有所启发。比如，有的机器人靠轮子移动，也有的机器人能够像人一样行走。在画设计图之前，你要想好哪种方案最适合你的机器人。

你肯定不希望这个机器人踩到你的脚趾！虽然看上去并不像活生生、会呼吸的人类，但它是人形机器人。

第1步 设计草图

在确认了设计概要后，我们开始画设计草图。这是设计师发挥自己想象力的时候了！这部分工作唯一的规则就是，机器人要符合设计概要的要求。除此之外，第一稿设计图可以基于你在研究阶段（第31页）发现的任何东西。

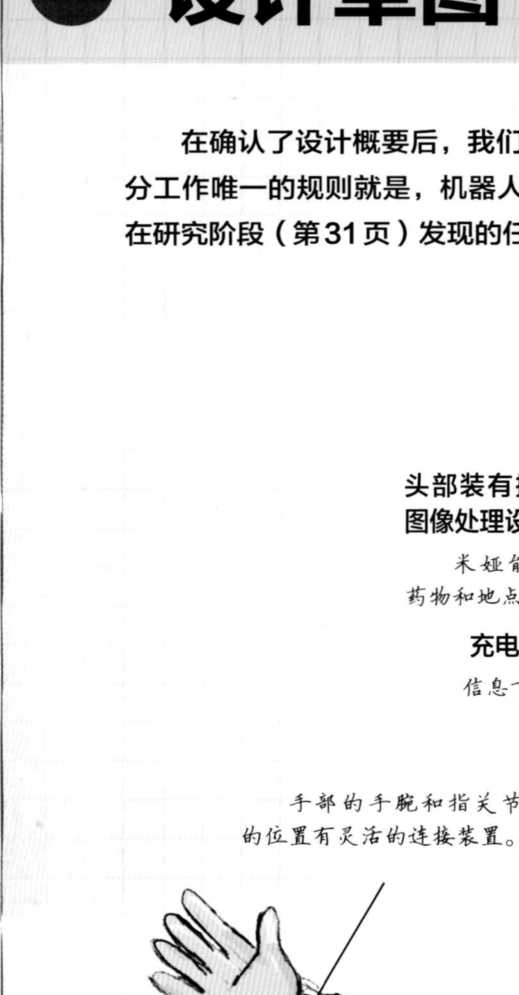

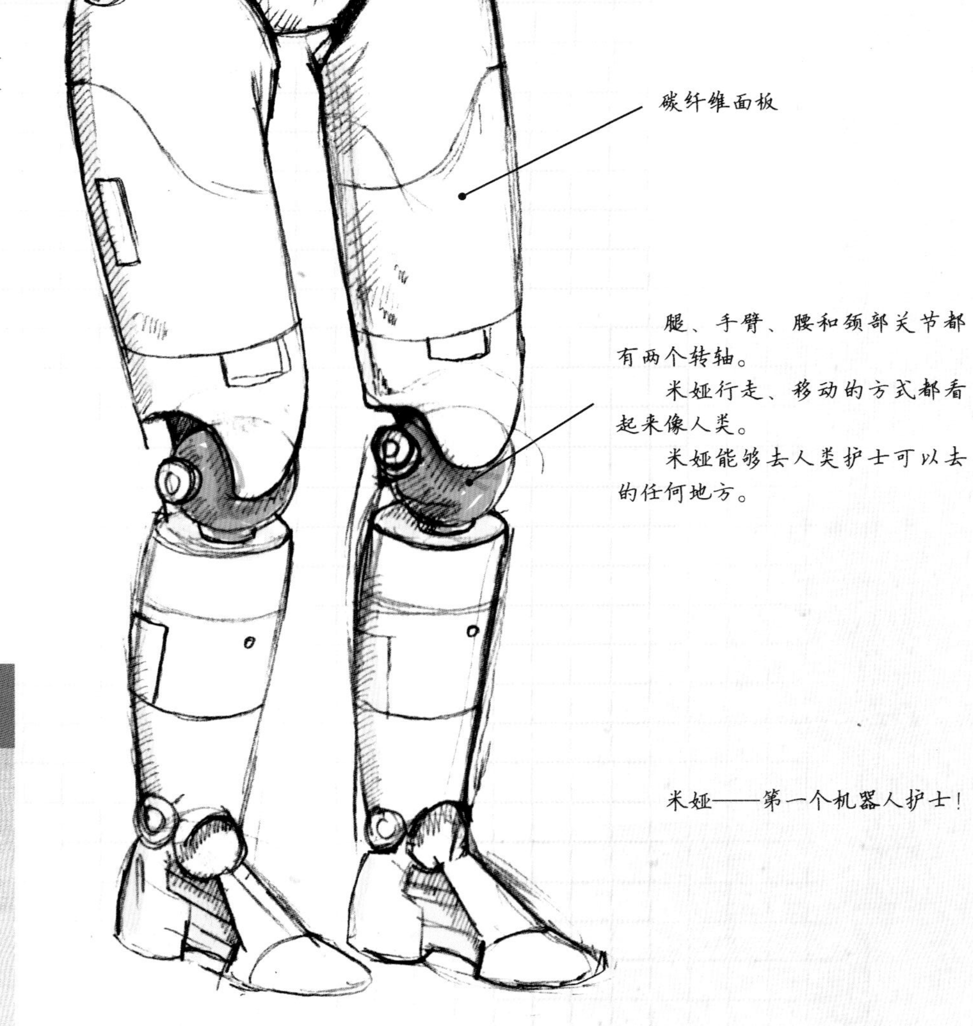

解难题！

这个设计能够满足设计概要提到的所有特点吗？

医院机器人设计概要

机器人应当：

- 行动自如
- 能移动物体
- 能识别物体和人类
- 会说话并能听懂人类的话
- 能处理信息
- 能感知周围的环境
- 外表和行为友善
- 小巧、便宜

检验设计方案

设计米娅的下一步工作就是检验设计的每个部分。你必须要验证这个机器人的设计方案是不是真的可以实现，以及在实现相同功能的情况下是不是还有更好的方法。更好的方法不仅表示能够更好地完成任务，也可以是以更少的成本完成相同的任务。

第2步 机器人的外形合适吗？

并非所有的机器人都是人形机器人，事实上目前研发出来的大多数机器人的外形都跟人类不一样。所以你要做的第一个决策就是机器人米娅是不是必须要和人类的外形一样。

理想设计

备选方案

米娅必须能够移动自如，这意味着替代人类外形的可以是履带式机器人。这种机器人能够伏在地上快速移动，并且由于顶部扁平，它们非常适合拿取物体和携带物体。履带式机器人的建造成本也比人形机器人更低，建造难度也更小。

履带式机器人有时候用来处理未爆炸弹。

研究笔记

履带式机器人的形状和规格多种多样。大多数这样的机器人都是比较小、相对简单的，成本也比较低廉。它们可以完成各种各样的工作，从处置未爆炸弹、探索有毒地区，到吸尘、修剪草坪等。

· 很多履带式机器人都有一个灵活的机械臂，能够拾取小型物体。

· 履带式机器人一般至少会配备一个摄像头。

· 有些履带式器人可以通过内部计算机的控制，来感知周围的环境。扫地机器人（如左下图）就是这样。

不过履带式机器人一般不能与人类沟通。

解难题!

履带式机器人和人形机器人哪个更合适?

为了做出决定，想一想我们设计的机器人需要完成什么工作，需要具备什么特点。

工作	人形机器人	履带式机器人
为患者派发食物和饮品	1	1
给患者发药		
向患者解释治疗方案		
陪伴和娱乐患者		

技能	人形机器人	履带式机器人
行动自如	1	1
能移动物体		
能识别物体和人类		
会说话并能听懂人类的话		
能处理信息		
能感知周围的环境		
外表和行为友善		
小巧、便宜		

判断机器人是否擅长某一项工作或技能，给这两种机器人分别打分。比如，这两种机器人都能够派发食物和饮品，那么两种机器人都能在这一项中得1分。

满分为12分，哪种机器人得分更高，这种机器人就是更合适的。

翻到第170页，看看你的答案对不对。

最终设计

我们最终选择了人形机器人。由于履带式机器人一般不能与人类交流，所以无法完成米娅需要做的一些工作。同时，履带式机器人也不具备医院机器人所必需的某些技能。

第3步 设计机器人的脸

米娅的脸应该是什么样子？在原本的设计中，它的脸和人类相似，并且手和脸都有“皮肤”。这可行吗？如果确实可行，采用与人类相似的皮肤对于米娅和它需要接触的人类是最好的方案吗？

理想设计

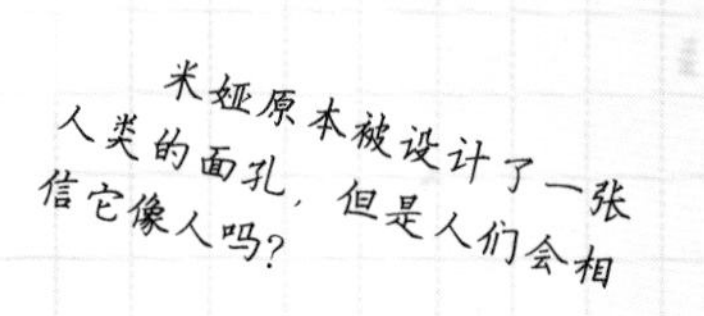

人形机器人的皮肤

与人类非常相似的机器人被称为人形机器人，米娅的最初设计就是人形机器人。最近，人们真的制造出了几个具有“皮肤”的人形机器人。你需要判断这些机器人可以被归为下边的研究笔记中提到的哪一类。

研究笔记

机器人学专家认为，我们对机器人的喜爱程度与它和人的相似度有关：

1. 人们喜欢看上去明显不是人类的人形机器人；

2. 人们不喜欢极力模仿人类的外形却还是不像人类的机器人；

3. 人们喜欢非常像人的机器人。

第1类和第3类之间的断裂带被称为“恐怖谷”。

解难题！

研究某些著名的外貌像人并且有“皮肤”的机器人，判断它们是否恐怖。

在网上搜索“Albert Hubo机器人”“Erica机器人”和“Actroid-F与Kurokawa机器人”的视频。然后，对每个机器人进行3分制评分——3分表示非常恐怖（长相奇怪而可怕），0分表示完全不恐怖。和至少两个朋友一起看这些视频，并分别给机器人打分。

最后，算出各个机器人的得分的平均值。比如，如果你们给Albert Hubo的评分为3分、2分和1分，那么平均值就是（3＋2＋1）÷3＝2分。

这些机器人中，有没有哪一个得分是0的？0分代表没有人觉得这个机器人恐怖，这就意味着它有可能会成为大家都喜欢的人形机器人。

如果以3分表示非常恐怖，0分表示完全不恐怖，你会给这些机器人的脸分别打几分呢？

最终设计

将米娅做成具有与人类相似皮肤的人形机器人不仅风险大，而且价格昂贵。并且，如果机器人的长相恐怖，患者就不可能喜欢它，甚至会把原本需要得到机器人帮助的小朋友吓坏。

最简单、经济的解决办法就是，使用塑料或金属材料给机器人设计一张友好的“脸”。这样，它会有类似眼睛和嘴巴的结构，但不会看起来那么像人类。

重新设计的脸跟人类有些相似，但是机器人看上去很可爱，而不是可怕！

改进方案

第4步 机器人应该做多高

我们已经明确知道，米娅应该是人形的，但是它应该多高呢？设计概要中提到，它应该“小巧又便宜”。原本的设计中，机器人有1.5米高，相当于比较矮的成年人体型。这个大小对米娅来说是否合适呢？

检查是否符合设计概要

设计概要中还有另一条信息能够帮助你确定机器人的理想高度。其中，与身高关联最大的几条前面画了钩：

╳行动自如
√能移动物体
╳能识别物体和人类
╳会说话并能听懂人类的话
╳能处理信息
╳能感知周围的环境
√外表和行为友善
√小巧、便宜

无论机器人的体形大小如何，都可以满足其他技能要求，除了：

· 大机器人的建造成本更高；

· 太小的机器人无法把物体放到病人的床上或床头柜上；

· 成人身高的机器人似乎不太像小孩子的朋友。

要小，但是该多小？

小型的机器人造价更低，也更符合小孩子的朋友的形象。但是，如果机器人太小，它又无法够到它需要进行工作的高度。你需要计算出米娅合理的最小体形。

解难题!

米娅应该多小呢?

对于大多数医院来说，病床旁边的床头柜通常高75厘米左右。米娅要能够看到桌面上的情况，才能把食物、饮品和药物放在上面。所以，机器人的下巴应该高于75厘米。

米娅是人形机器人。大多数人类下巴到头顶的距离大约为身高的14%，也就是说人类身高的86%是腿、躯干加上脖子的长度。

用这个数据计算出米娅最矮身高是多少，才能保证它可以看到医院床头柜的表面。

身高	身高的86%	床头柜高度	差值
150厘米(最初设计)	129厘米	75厘米	54厘米
100厘米		75厘米	
90厘米		75厘米	
80厘米		75厘米	

翻到第170页，看看你算得对不对。

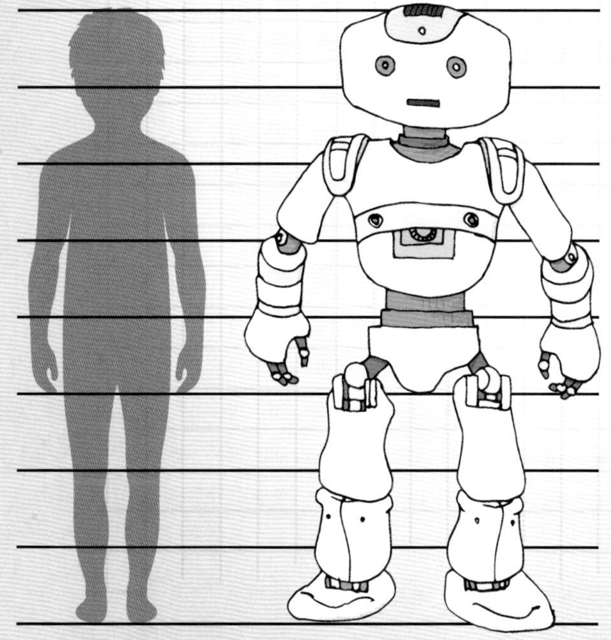

最终设计

米娅的最终设计高度比一开始矮了不少。这个机器人只需要高90厘米就够了，差不多相当于3岁儿童的身高。这个高度也适合与住院治疗的孩子们成为朋友。

改进方案

第5步 机器人应该如何移动

机器人该如何移动呢？应该用底部装有轮子的腿像遥控汽车一样移动，还是要像人类行走一样一次抬起一条腿？

设计概要中有四项要求会影响到这个决策，它们分别是：

· 行动自如
· 给病人派发物品
· 外表和行为友善
· 造价低

你需要判断三件事情：

1. 这两种机器人是不是都能在医院中活动，给病人派发东西？
2. 哪一种外观更友好？
3. 哪一种更便宜？

解难题！

像人类一样行走的机器人当然能够像医生和护士一样四处走动，那么有轮子的机器人也可以吗？

要确定这个问题的答案，你需要观察下面的图片，列出人类在医院行动（或者被挪动）的所有方式。这张清单上至少有三种方式。有没有哪一种方式是用到轮子的？

如果用到了，那么有轮子的机器人就是合适的。

翻到第170页，看看你的想法对不对。

研究笔记

最好的行走机器人有四条腿。有一种叫作“大狗”的机器人，能够在冰面上、雪地上、泥地里和陡峭又光滑的斜坡上行走。两条腿的机器人在复杂地面上的行走表现就不是那么好了，但是在平坦的表面上可以走得很稳。

有轮子的机器人造价便宜，也更容易建造，但是它们需要平坦、光滑的地面才能走得稳。

解难题！

有轮子的机器人能够和小病人成为朋友吗？

有轮子的机器人不能让脚部离开地面，并且得让身体的重心尽量靠近脚部才能避免翻倒。它们也无法躺下，因为一旦躺下就很难站起来了。

和朋友一起正常地相处一个小时。在这段时间里，如果你做了有轮子的机器人做不到的事情，就把它记下来。用笔记来判断有轮子的机器人能不能当个好朋友。

最终设计

有轮子的机器人能够四处移动、派发物品，而且成本更低。而行走机器人也能够四处移动，并且更适合成为小病人的机器人朋友。所以最终设计选择了能够适配两种移动方式的机器人，根据它的具体工作选择合适的移动方式。

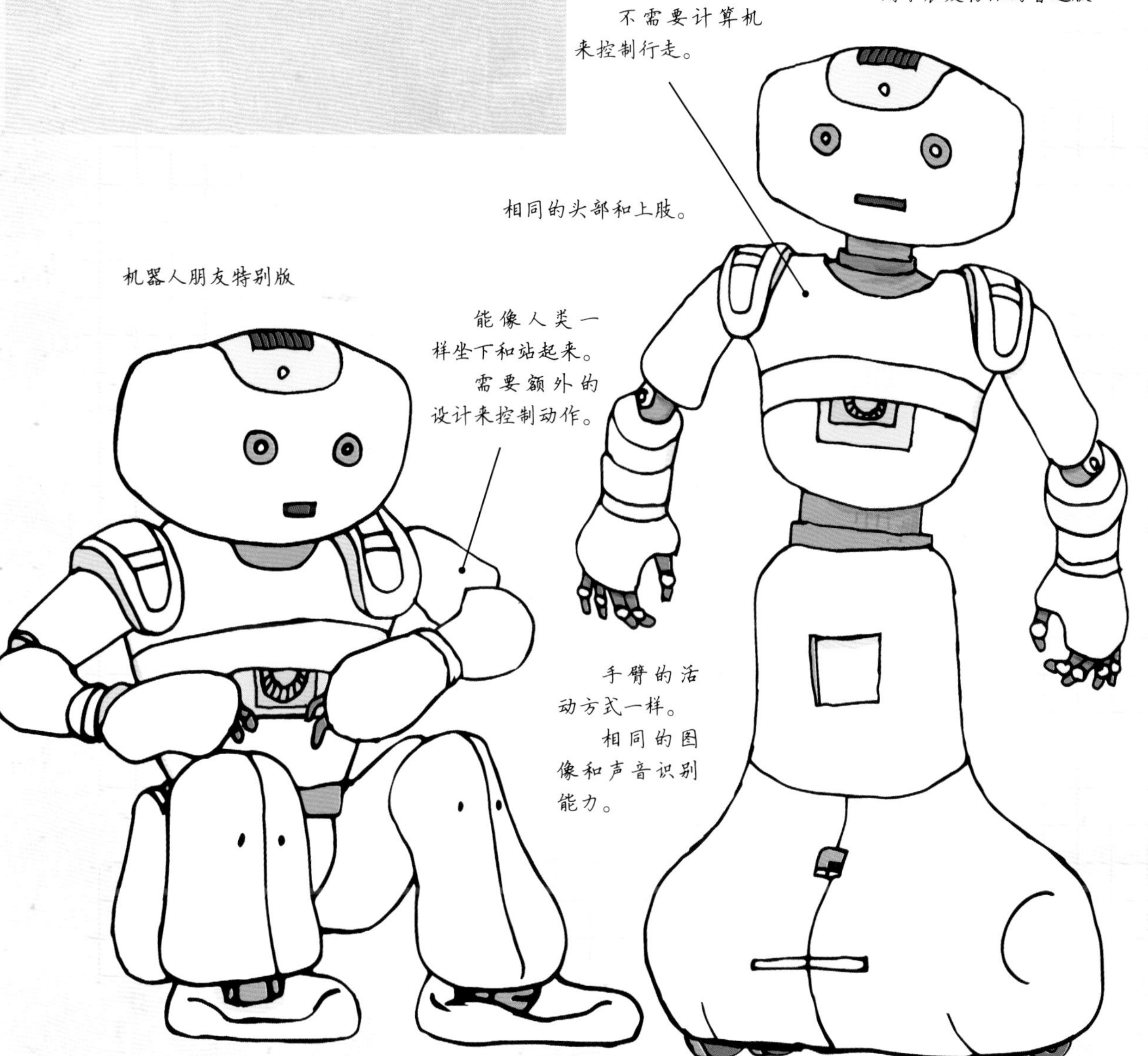

第6步 让机器人拥有视觉

为了能够安全地四处移动，机器人米娅需要能够感知周围的环境；否则，它可能会撞到墙、桌子或其他障碍物，这可能会让患者感到紧张。米娅还得能够识别不同的人，这样才能为每一位患者提供正确的治疗方案。

最初设计

在最初的设计方案中，米娅配备了两个摄像头作为“眼睛”。这个机器人还需要安装能够判断物体距离的装置。

米娅必须能够准确地识别不同的面孔，否则病人可能会拿到错误的药物。软件设计师也会询问你米娅的面部识别软件应该采用什么指标（见下面的研究笔记部分）。

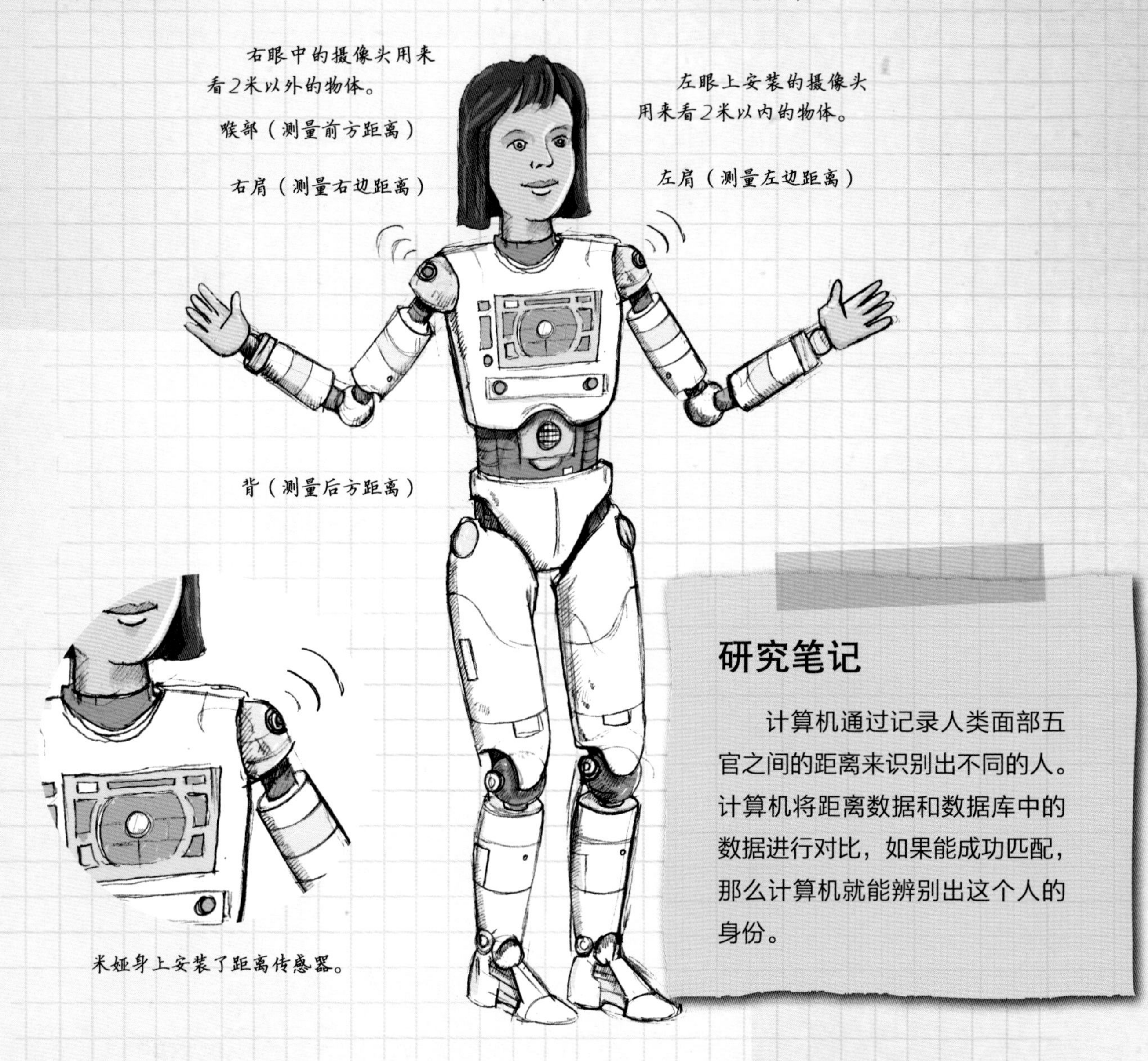

米娅身上安装了距离传感器。

研究笔记

计算机通过记录人类面部五官之间的距离来识别出不同的人。计算机将距离数据和数据库中的数据进行对比，如果能成功匹配，那么计算机就能辨别出这个人的身份。

解难题!

为了找到面部识别指标，你需要找至少两个朋友来帮忙。把你和朋友们的脸拍下来（确保你们每个人都直视摄像头，和镜头的距离也要一模一样），然后就可以开始测量了。你可以从这几个数据入手：

- 双眼之间的距离
- 下巴到鼻子的距离
- 鼻子宽度

在表格中填写出7个不同的测量结果：

测量指标	朋友1	朋友2	朋友3
1 双眼之间的距离			
2 下巴到鼻子的距离			
3 鼻子宽度			
4			
5			
6			
7			

你们之间的哪五项指标差异最大？这些指标就是提供给软件设计师的最佳识别指标示例。

翻到第170页，看看你的想法对不对。

最终设计

最终设计可能看起来跟原本的方案不一样，但是效果是一样的。米娅的计算机存储器可以存储自己看到过的内容，包括人脸、药物、食物和饮品。米娅会使用人脸识别软件“学习”人脸特征。医院的工作人员能够向米娅的存储器中录入每个病人的姓名、治疗方案和其他需求。

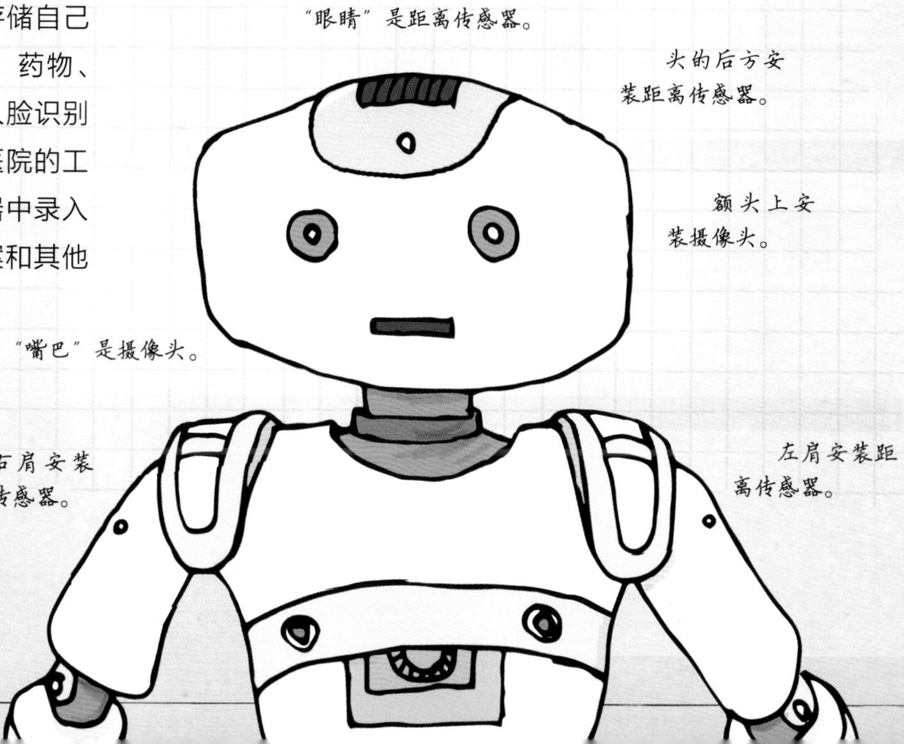

第7步 让机器人拾取物体

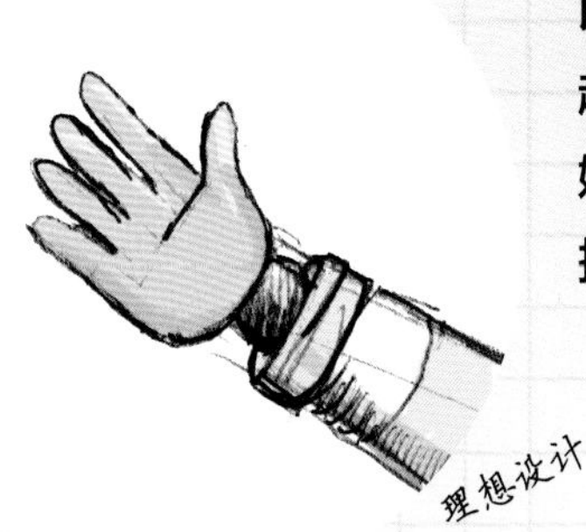

拾取物体是米娅需要具备的最重要的技能之一。比如，如果机器人要把药物递到病人手上，它就得拿起装药丸的托盘。它还需要能够派送饮品和食物。米娅在做这些工作的同时，还要避免把正在拾取的物体挤坏。

设计挑战

原本的设计中，米娅有一根拇指和四根手指（此处物指除拇指外的手指），就像人类的手一样。这样的设计存在两个问题：

1．人类的手指要依靠三个关节和许多肌肉才能动起来，如果机器人的手也用相同的原理来活动，成本将会非常昂贵。

2．米娅已经改成了比之前小得多的机器人，我们没办法做出和这种小巧体形相称的机械手。

米娅的手必须要重新设计，让它变得更小、造价更低。减少手指的数量可以让手更小，制造成本也更低。但是要去掉几根手指呢?

研究笔记

机器人的手上装了压力传感器。这些传感器能将机器人抓握一个物体使用的力反馈给计算机。

机器人的软件能够存储物体的照片，比如橙子的照片。软件中也有指令，告诉机器人应当用多大的力抓握每个物体。软件能够防止机器人用抓棒球的力气抓握橙子。

控制机器人的握力对于医院的水果供应安全非常重要！

解难题!

米娅需要多少根手指？你只需要用自己的手拾取不同的物体，就能得出这个问题的答案了。

你需要准备：

· 装有小块糖果的小纸杯

· 三明治

· 一杯水

· 大个儿的橙子

试着用以下几种方式分别捡起上面的物体：

1．不用拇指；2．用一根手指和拇指；3．用两根手指和拇指；4．用三根手指和拇指。

将结果记录在一个表格中，分别用“是”和“否”表示你能不能用这种方式捡起物体并稳稳地拿住。根据实验结果可以判断米娅有几根手指最合适。

翻到第170页，看看你的结论对不对。

最终设计

最终设计采用了比原设计方案更便宜、更简单的手部设计。机器人的手有两根手指和一根拇指。机器人仍然可以拾取药物、食物和饮品。它还能用一根手指按按钮，以控制其他机器。

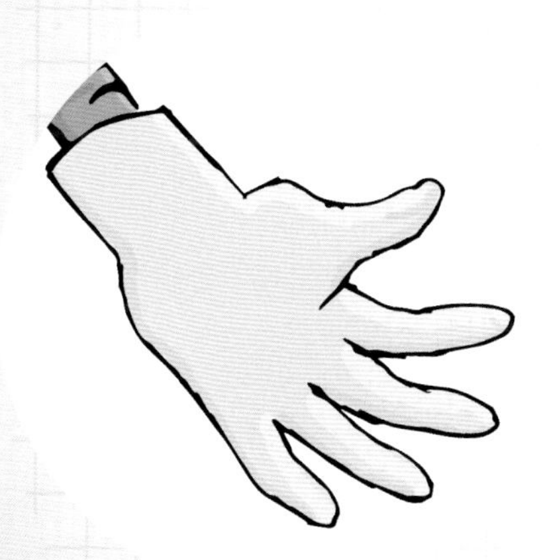

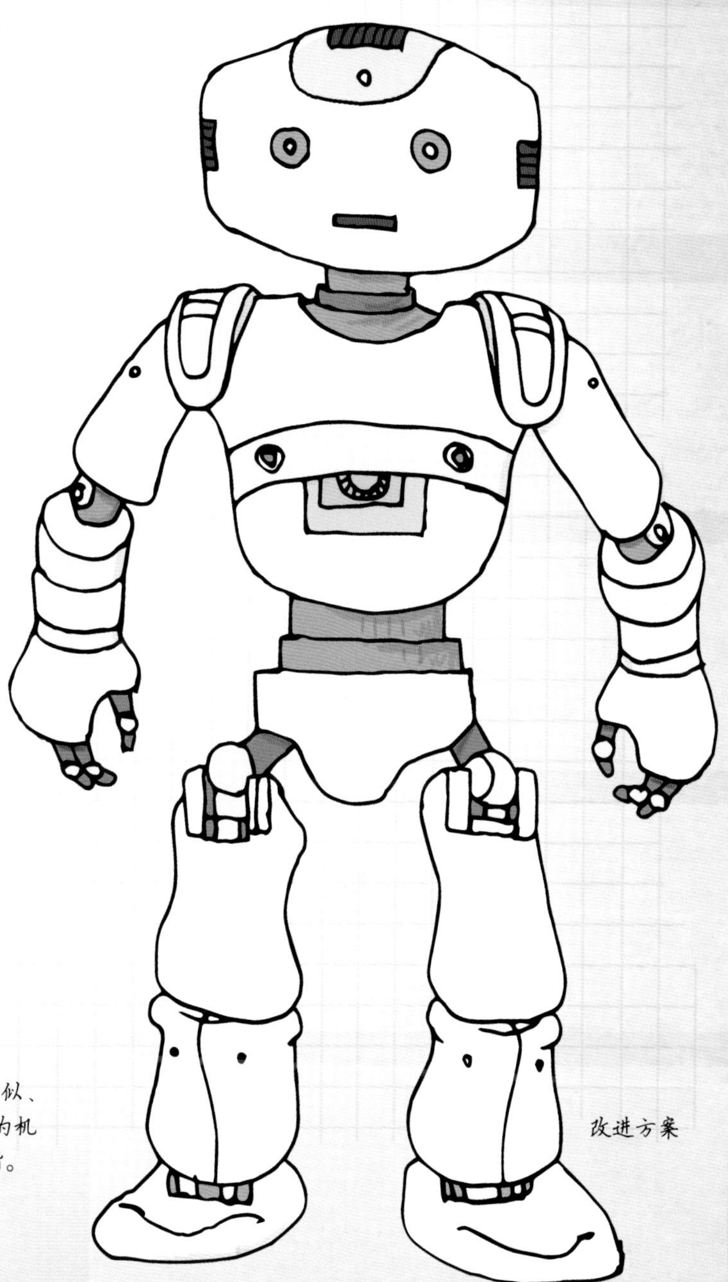

米娅原本跟人类相似、有皮肤的手改成了常规的机械手，并减少了两根手指。

改进方案

第8步 让机器人能说（会听）

米娅的工作之一是向病人解释治疗方案，所以它需要能够说出“（病人名字），请吃药”之类的话。米娅也得能够听懂病人的回答。比如，米娅可能会问病人：“你渴吗？”如果病人回答“是”，米娅就需要给病人拿点儿喝的；如果病人回答“不渴”，它就会继续服务下一位病人。

原本的设计在耳朵的位置安装了传声器，在嘴巴的位置安装了扬声器。

声音的方向

米娅必须能辨别声音来源。这样它才能把头转向说话的人，并看着对方，就像人类之间说话时的互动一样。要想明白这一点有多重要，你可以试着对一个故意不看你的人说话。

研究笔记

很多计算机都可以用语音指令控制。电话系统能够识别简单的数字以及“是”“否”之类的简单字词。很多智能手机和平板电脑都有语音识别软件，所以你能够询问一些问题，比如“贾斯汀·比伯今天是什么发型？”，或者像“帮我找滑稽的猫咪视频”等指令。

解难题!

米娅需要怎样的软件去辨别声音的方向呢？你需要全班同学的帮助才能明白这一点。

让一名同学站在中间，并戴上眼罩，其他人绕着他围成一个大圈。让大圈中的一名同学喊出中间那个同学的名字，然后请中间的同学指出说话的人是谁。

尝试10次，保证圈中各个方向的同学都喊过名字。每次中间的人说对了，就计1分。

现在，让中间的同学一只耳朵戴上耳塞，重复同样的过程。将两次得分进行对比。通过这个实验，你觉得我们人类是如何判断声音方向的呢？

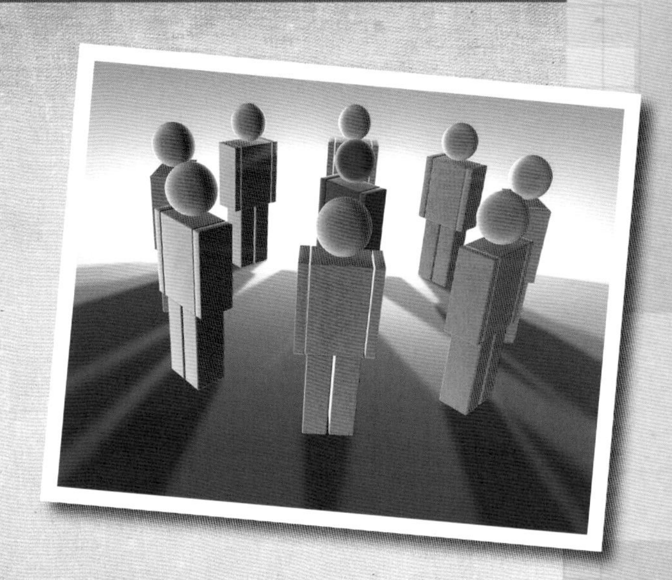

最终设计

大多数人两只耳朵都能听到声音的时候得分更高，因为人类的大脑能够判断声音抵达两只耳朵的时间是否存在差异。比如，如果左耳比右耳先听到声音，我们就知道声音是来自左边的。

米娅的软件也能够利用相同的原理判断声源的方向：它能够知道声音传播到传声器的时间，并借此来判断声源的方向。

最终设计中，米娅会配备2个传声器和2个扬声器。传声器在身体两侧各有一个，而扬声器分别安装在头部的两侧。这样米娅发出的“声音”就是立体声了。大多数人都更喜欢立体声而不是单个扬声器发出的单声道声音。单声道就像是用耳机听音乐的时候只戴一只耳机。

第9步 选择材料

设计师要做的另一个重要的决定就是选择机器人的材料。材料的好坏会影响设计的成败，所以人们有时候会把失败的设计说成是“巧克力茶壶”（想象一下，你试图用巧克力做的茶壶泡茶会是什么结果……）。

原本的设计

在原本的设计中，机器人使用的是钛合金骨架，身体主要的外面板采用碳纤维材料。这两种材料既轻巧，又具有很好的延展性。轻巧意味着机器人不会耗费大量电力，并且人们能够在医院里轻易移动它们；延展性好意味着机器人在被意外撞到或翻倒的时候不容易破损。

选错了材料意味着米娅最后的用处可能不比巧克力茶壶大多少。

研究笔记

钛合金和碳纤维是强度和延展性俱佳的材料。它们被用来制作许多产品，包括环法自行车赛的自行车、航天器、赛艇、世界摩托车锦标赛的摩托车和一级方程式赛车等。

但钛合金和碳纤维都是日常生活中不常见的材料，而且处理起来难度很高，所以它们价格不菲：

· 钛合金零件价格为150英镑/千克（铝合金的同类产品只要50英镑/千克）

· 碳纤维零件价格为75英镑/千克（3D打印的塑料同类产品只要10英镑/千克）

（注：1英镑≈8.9人民币）

设计问题

原始设计中存在一个问题：钛合金和碳纤维的成本非常高。设计概要认为，米娅必须“便宜”，而不是“身价不菲”！你需要计算出用更便宜的材料能节省多少钱。

解难题!

米娅的质量为4.5千克，其体重的构成主要包括三部分：

- 钛合金骨架：1.8千克
- 碳纤维身体面板：1.2千克
- 计算机、传感器等：1.5千克

根据第50页上的研究笔记中提到的材料成本，计算出如果用铝合金和塑料代替钛合金和碳纤维，成本能降低多少。在右边的表格中写出计算结果。

钛合金	铝合金	成本差额
150 x 1.8 = 270 英镑		

碳纤维	塑料	成本差额

翻到第170页，看看你算得对不对。

最终设计

为了节省成本，最终设计采用铝合金和塑料作为主要材料。更换材料总共能让米娅的制造成本降低258英镑。这样，米娅的价格就更容易被医院接受了。

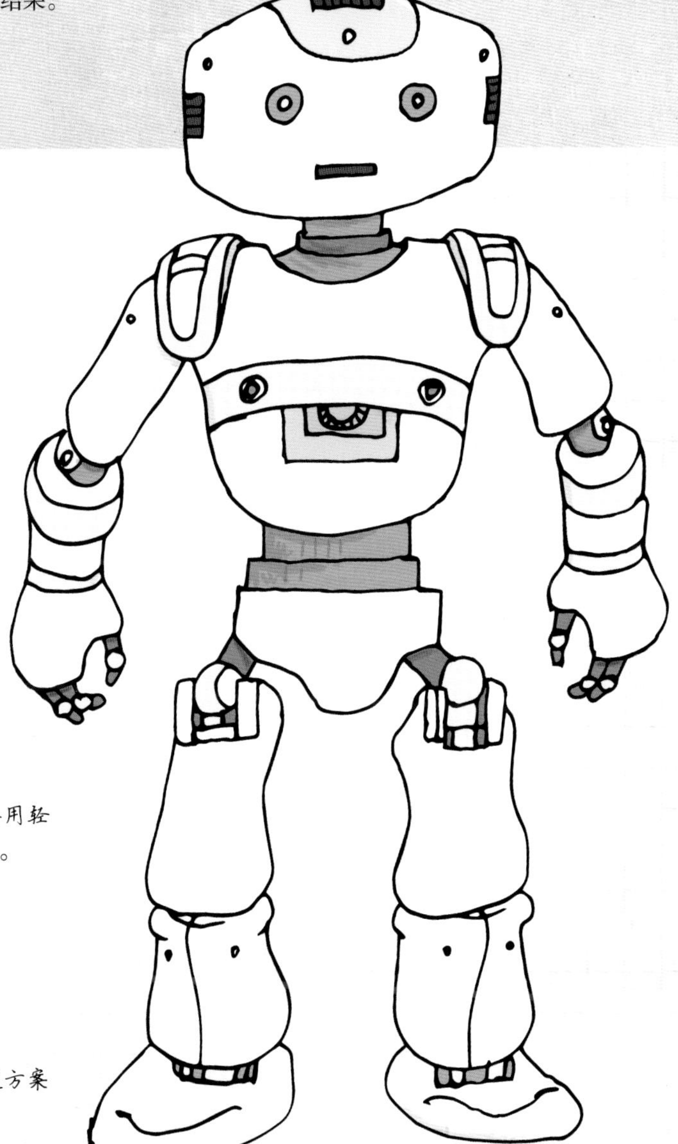

改进方案

第10步 定制机器人

米娅有很多功能。基础款的机器人可以四处移动、拾取并携带物品，也能看、听、说，并完成设计概要中提到的其他所有工作。这个基本模型能够用特殊的应用软件进行个性化定制，然后它就能完成更多的工作了。

米娅——课堂助手

米娅能够通过多种方式帮助人类。比如，这款机器人可以成为很好的课堂助手。假如你觉得某个科目非常难懂，你可以去参加配备了课堂机器人的特殊课程。如果米娅胸口有一个触摸屏，你甚至可以在机器人的帮助下进行习题测验。

米娅——私人助理

机器人米娅的设计概要要求它能够与小孩儿和谐相处，所以它和学龄前儿童差不多高。如果米娅是你的机器人私人助理，你希望它能帮你做什么工作呢？

研究笔记

在计算机领域中，应用软件能够完成特殊工作。比如，有的应用软件可以将手机或平板电脑变成收音机，有的应用软件可以给冲浪爱好者提供当地海滩的海浪条件等相关信息，甚至还有的应用软件能够告诉你，你的狗有没有在走动。

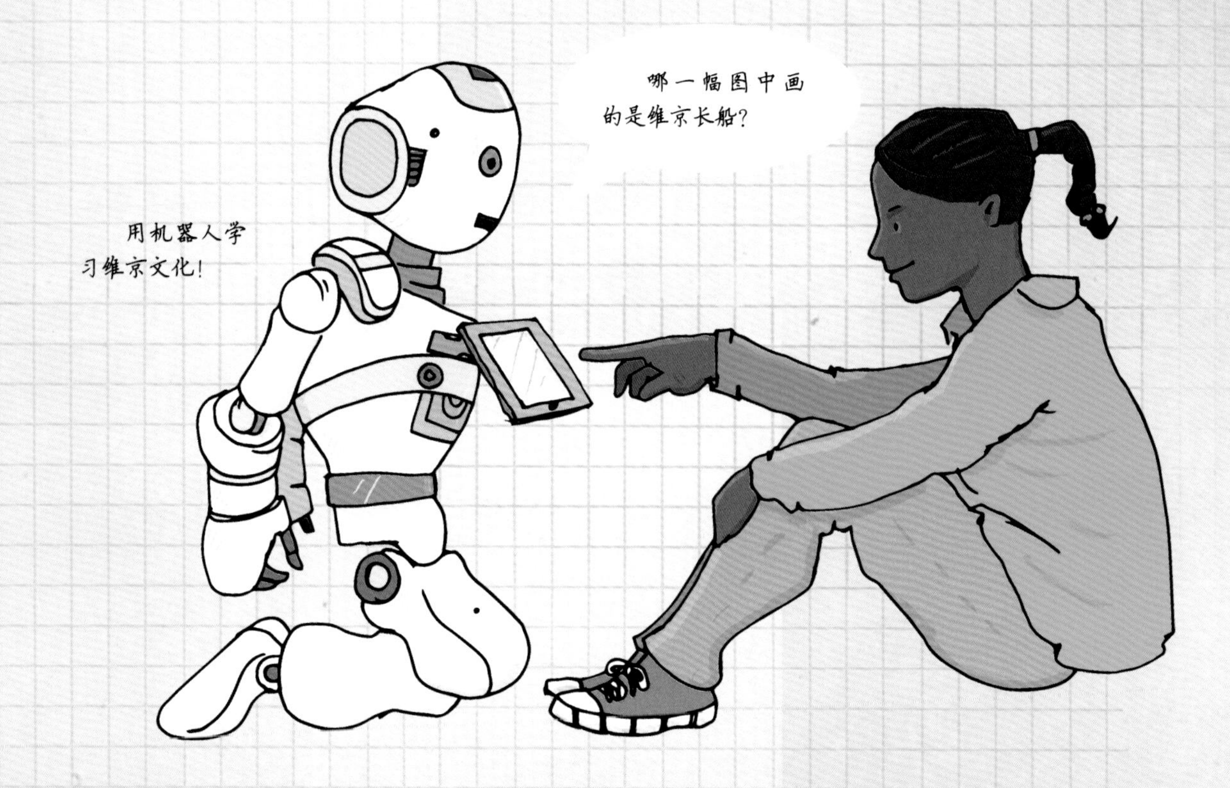

解难题!

根据你每天在家所做的事情列一张时间表，机器人私人助理是否能够提供帮助呢？如果可以的话，机器人需要安装哪些应用软件？你的时间表可以参照右边的表格来做。

继续向下填写你回家后的时间表。最后，你会得到一张机器人助理需要安装的应用软件列表。

时间	活动	米娅提供的帮助	需要的应用软件
7:15	起床	闹铃（用最喜欢的贾斯汀·比伯的歌）	日历/时间软件 音乐软件
7:30	早餐		
7:45	洗澡，换衣服	提醒今天是否会下雨或出现其他坏天气	天气软件
8:00	上学		

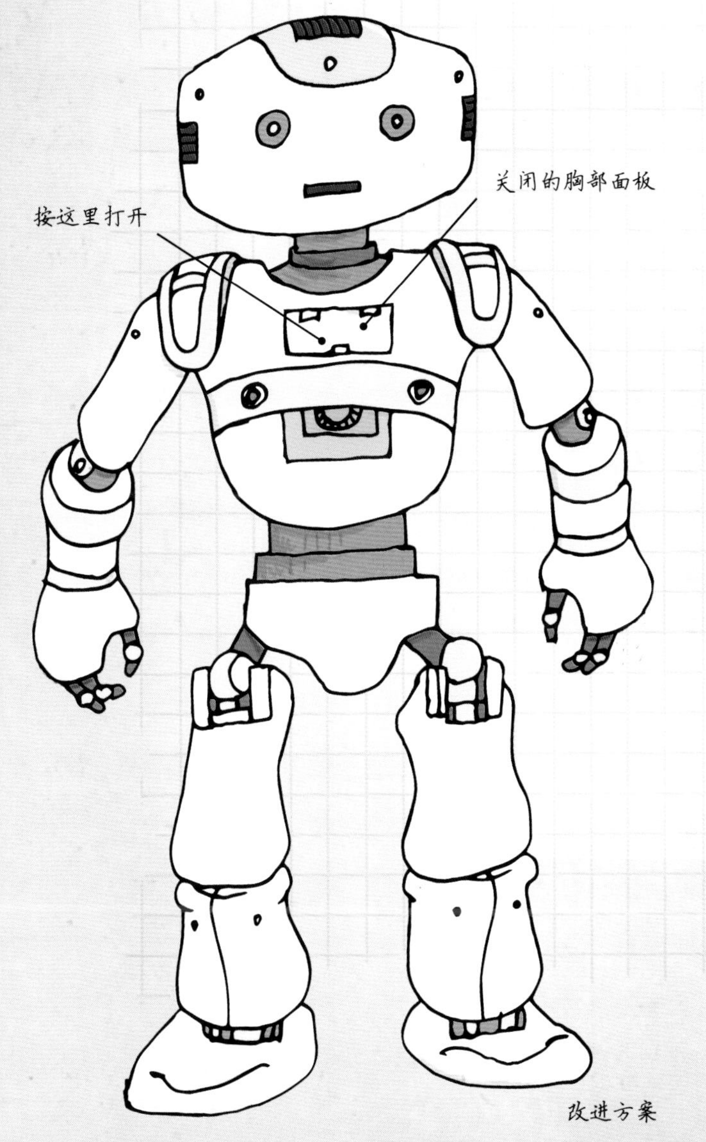

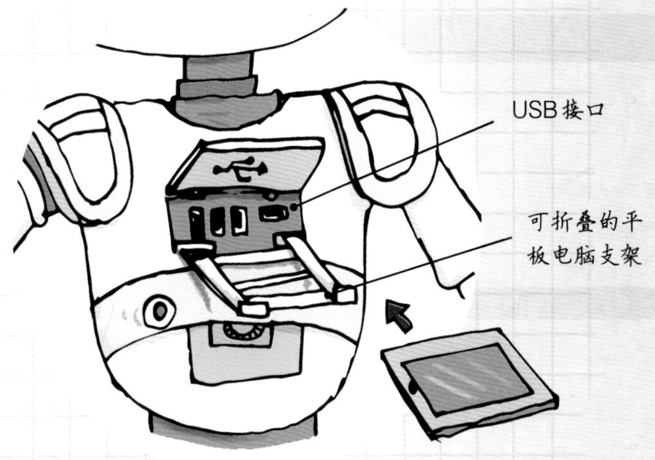

最终设计

考虑到米娅的其他用途，为设计增加两个配件：

1. 米娅的胸部面板下方增加了一个USB接口，这个让它能够方便地利用人们的智能手机和平板电脑下载应用软件。

2. 面板下方还会安装一个能够放置平板电脑的支架。

在医院，这些配件都是非常实用的，同时也意味着米娅可以在其他地方工作。

世界上最棒的机器人？

我们已经认真检查过米娅的最初设计的每一个部分。你了解了各个部分是否可以被设计得更好，也对可以优化的地方进行了修改。现在，机器人的外形、大小和需要具备的技能都已经确定了。基础设计完成！

米娅仍然保留了人类的外形

机器人米娅不再有人类一样的皮肤。研究表明，看起来明显是机器人的人形机器人最受欢迎。

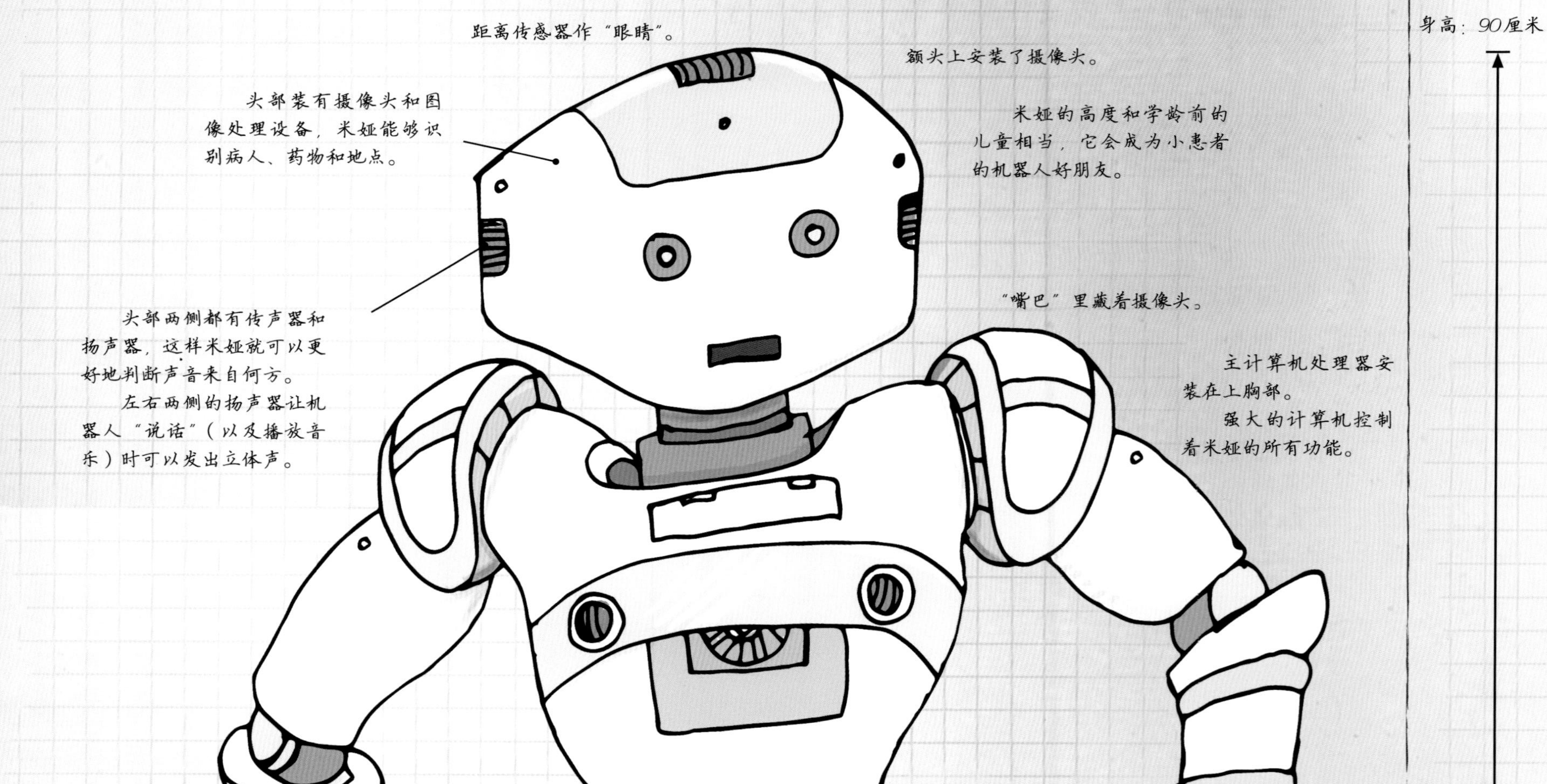

腿、手臂、腰和颈部连接处都是可单向活动的。

机器人的手指数量比人类少，但是仍然可以拾取小物品。

铝合金骨架

使用3D打印技术制作的塑料面板。

铝合金和塑料都不是昂贵的材料。有必要的话，它们还方便被回收利用。

小腿上装有电池

将沉重的电池放在身体低处让米娅能保持直立姿态。

米娅可以像人一样行走和活动。

解难题！

人们需要了解这个能够拯救生命的了不起的机器人。

想想米娅的设计中所有的装置和功能。你认为最受欢迎的会是哪三个呢？把它们写下来，为每个功能写一句宣传语。

比如：

帮助人们重获健康的机器人！

这句宣传语能告诉人们米娅是医疗机器人。

想好三句宣传语之后，选择漂亮的字体和颜色为米娅制作引人注目的宣传海报。

其他了不起的机器人

也许米娅是世界上最棒的机器人，至少在医疗护理领域是最棒的。但是米娅肯定不会是很好的搏斗机器人，也没办法成为机器人乐队的成员。要想实现这样的功能，你需要专门设计的机器人。

Compressorhead

发布时间：2013年

设计功能：机器人乐队

这个机器人乐队有三个主要成员：一个有四条机械臂的鼓手“鼓棒男孩”，一个有78根手指的吉他手“指头”，还有贝斯手“骨头”。

ChihiraAico

发布时间：2015年

设计功能：陪伴机器人

ChihiraAico的设计者想制造出与人类高度相似的机器人。它能够做出开心、生气和伤心的表情，甚至还会哭。到网上搜索ChihiraAico机器人的视频，看看设计者成功了没?

大狗

发布时间：2008年

设计功能：军事运输机器人

大狗的体形和大型犬差不多，站立起来有1米高。它和狗一样，有四条腿，能够负载150千克的重物。大狗能够在雪地、冰面和不平整的地面上行走。

机器人骆驼手

设计功能：骑骆驼的机器人

在阿联酋，过去会让很小的孩子骑骆驼比赛。2002年，这种比赛因为太危险而被禁止。今天，骆驼的主人可以用机器人骑手了。主人只需要坐在一旁的四驱车里就可以用无线电控制机器人。

Petman

发布时间：2013年

设计用途：测试机器人

Petman是为了测试保护士兵免受毒气和其他危险伤害的衣服而设计的。这种机器人的行走和动作方式必须跟士兵一模一样。视频网站上有Petman机器人进行测试的搞笑视频，背景音乐是比吉斯的那首《正活着》。

沙夫特

发布时间：2013年

设计功能：救援机器人

沙夫特可以在受灾区域——比如经历过地震的地方——工作。它能够钻孔、转动门把手，力气有10个成年人那么大。

驮着满满的补给的大狗机器人。它可以适应冰、雪、泥甚至陡坡等路面。

过山车

设计世界上最棒的过山车

假设你现在的任务不是坐过山车，而是要设计一座过山车，并且是一座会排在所有人的“一生必须体验的游乐项目清单”榜首的过山车。它必须得是世界上最棒的过山车！你要怎样开始这项任务呢？

研究工作

设计任务的第一步是要进行研究准备。你可以从许多地方收集信息，了解好的过山车的必备要素：

1. 个人经验

当你在思考理想设计的时候，从个人经验出发是个不错的选择。你有没有坐过过山车呢？如果坐过，你最喜欢过山车的哪一段？是过山车从陡坡上飞驰而落的瞬间，或是你感觉过山车要飞起直冲云霄的那一刻，还是飞车俯冲向地面的时候？

2. 研究

你的任务是设计出大家一致认为最棒的过山车。要做到这一点，你需要仔细研究其他人认为一座好的过山车需要具备什么要素。互联网是不错的信息来源。你可以搜索以下这些关键词：

· 世界＋最佳＋过山车

· 十佳过山车

· 欧洲（或任何你感兴趣的其他地区）最佳过山车

然后，你可以搜索网上被提到最多的过山车在行驶中的POV（第一人称视角）视频看看。

研究笔记

当你真正乘坐过山车的时候，可能除了害怕或者激动以外，什么都记不得。所以，当你坐完过山车后，试着在网上搜索过山车的POV视频，很可能就会找到一个视频，让你想起玩过山车时最喜欢的部分。

任何游乐园中，过山车都是最引人注目的游乐项目。

有些现代的过山车上，乘客吊在轨道下面、双腿悬空，真吓人！

3. 征求他人意见

要了解人们认为什么样的过山车好玩，最好的办法就是直接问他们。比如，你可以询问同学、社交媒体上的好友，以及自己的家人。

画草图

研究结束后，你可以拿出铅笔和纸（最好也备上一块橡皮！），发挥你的想象力，画出世界上最棒的过山车的理想设计图。

之后，你需要验证这个理想设计，判断它是否能够被实际建造出来。现在画出来的设计可能并不能全在成品上实现，不过理想设计是个不错的开始。

解难题!

制作一份使用者调查问卷，了解人们最喜欢过山车的哪些方面。

你的研究能够反映出其他顶级过山车的某些特征。看看你的问卷调查对象对此有何看法。

第60 ~ 61页的内容能够给你更多启发。

如何造就一座顶级过山车？

对过山车爱好者进行一番调查，能够为设计提供创意。本页和下一页上的反馈就是这类调查结果的示例。翻阅这些信息，你能够找到线索，确定理想设计中应该包括哪些特征。

过山车这一游乐项目的起源是“俄罗斯冰山”，也就是简单的斜坡雪橇。今天的过山车爱好者期望能够获得比从小冰山上滑下来更刺激的体验。

调查结果

样本数量：150

样本来源：过山车爱好者网站

样本分布：全球

年龄：9岁以上

1 你的年龄？

a）9岁以下　0

b）9～17岁　52

c）18～65岁　89

d）65岁以上　9

2 木质过山车坐起来颠簸又吵闹，行驶过程非常刺激，而钢质过山车的轨道形状在设计上有更多的选择。你认为最棒的过山车轨道应该用哪种材料制作呢？

a）钢铁　52

b）木材　47

c）都行　30

d）没想好　21

3 爬升坡是过山车的第一段，你更喜欢：

a）传统爬升坡，过山车缓缓爬升，让刺激感逐渐增加　93

b）一旦所有乘客都安全坐好，就利用加速装置让车体迅速启动　42

c）都行　7

d）没想好　8

4 过山车主要有两种座位，你更喜欢：

a）坐在行驶在过山车轨道上方的车厢里　64

b）座位悬挂在轨道下方，行驶时你的双腿悬空　50

c）都行　27

d）没想好　9

5 你更喜欢

a）短而猛的行驶过程，从开始到结尾都很快、很刺激 53

b）行驶过程较长，有加速和减速区段 86

c）都行 11

6 你认为哪一点最重要？

a）过山车项目有“主题”（比如幽灵过山车） 37

b）特效震撼 42

c）为乘客设计很多惊喜 71

d）没想好 0

7 你最喜欢的过山车特色是什么？可以多选。

按照受欢迎程度从高到低排列：

下坡陡峭 121

扭转和转弯多 102

有地下区段 78

突然加速 73

部分区段有恐怖效果 45

完全失重 40

回环众多 29

（意外！）

过山车从坡顶俯冲下来的瞬间，乘客会感觉心像是被狠狠揪了一下！

解难题！

看一看第7个问题的调查结果，算一算不同特色的爱好者百分比分别是多少。

举例来说，150人中有45人认为过山车部分区段有恐怖效果是好创意。首先用恐怖爱好者的数量（45）除以总人数（150），然后再乘以100%就得到了百分数：

$45 \div 150 = 0.3$

$0.3 \times 100\% = 30\%$

即，有30%的人认为部分区段有恐怖效果是个好点子。

将其余特色的百分比计算出来后，可以翻到第171页看看你算得对不对。

第1步 理想设计——俯冲王！

第60～61页的调查结果显示，陡峭的下坡是最受人们欢迎的过山车特点，所以理想设计必须要有一个巨大的俯冲陡坡。我们要给这座过山车起个响亮的名字——俯冲王！当然，除了陡峭的俯冲坡道以外，它还有很多其他特色……

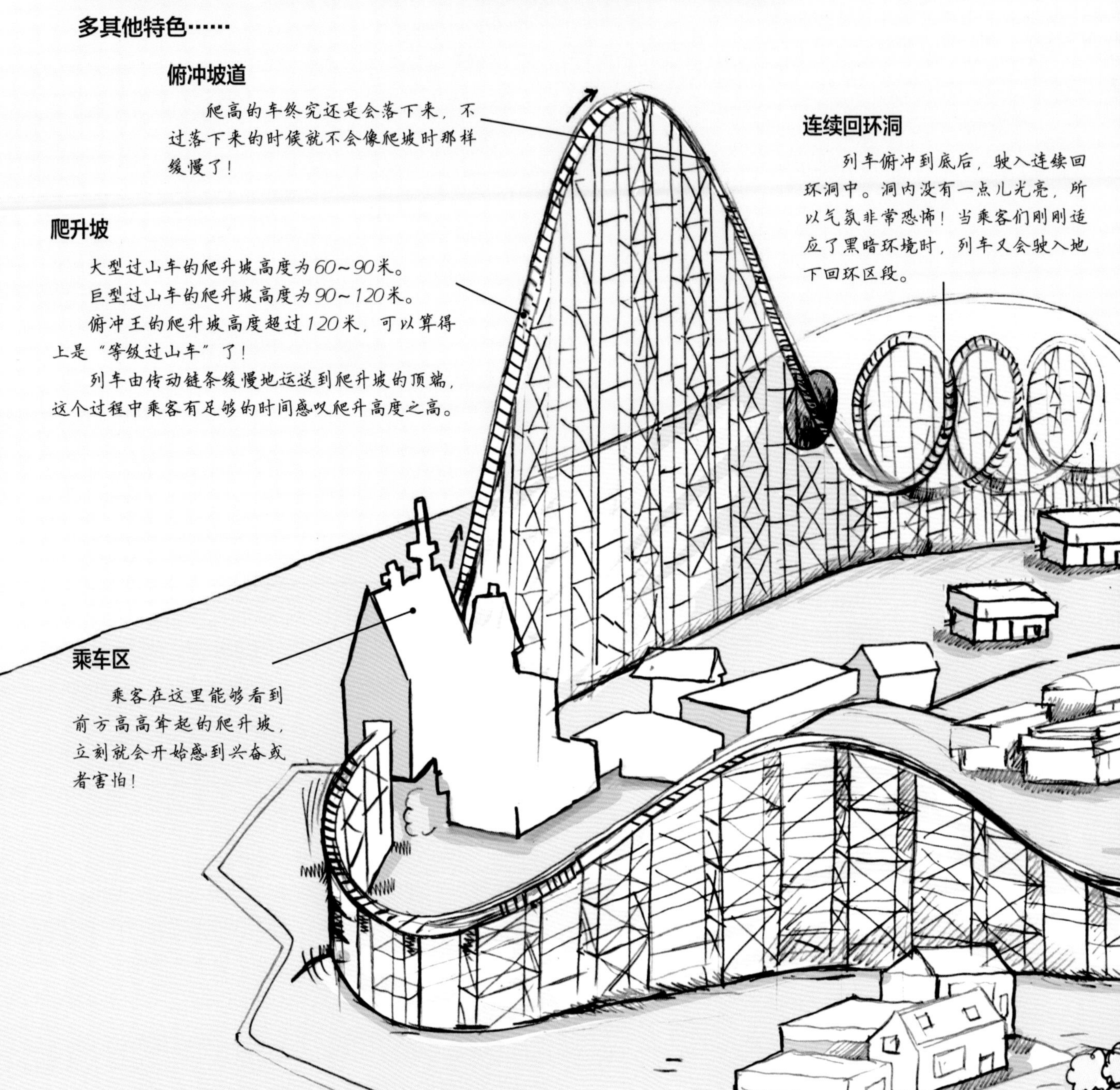

翻滚区段

列车快速驶入翻滚区域，轨道不仅有上下起伏，车身也会随着转弯而扭动！

迷雾之城

这里也可以叫作恐怖之城！列车抵达这一白雾弥漫的区域后，乘客看不到周围的环境。列车会马上减速，可怕的声音和怪异的布景越来越近。乘客们快逃啊！

摇摇晃晃的座位

抓手伸出来抓住座位顶部，把座位从地下拉出来，拎到半空中，这时候乘客的双腿就悬空了！然后，座位将会前倾，让乘客处于像超人一样的姿势。

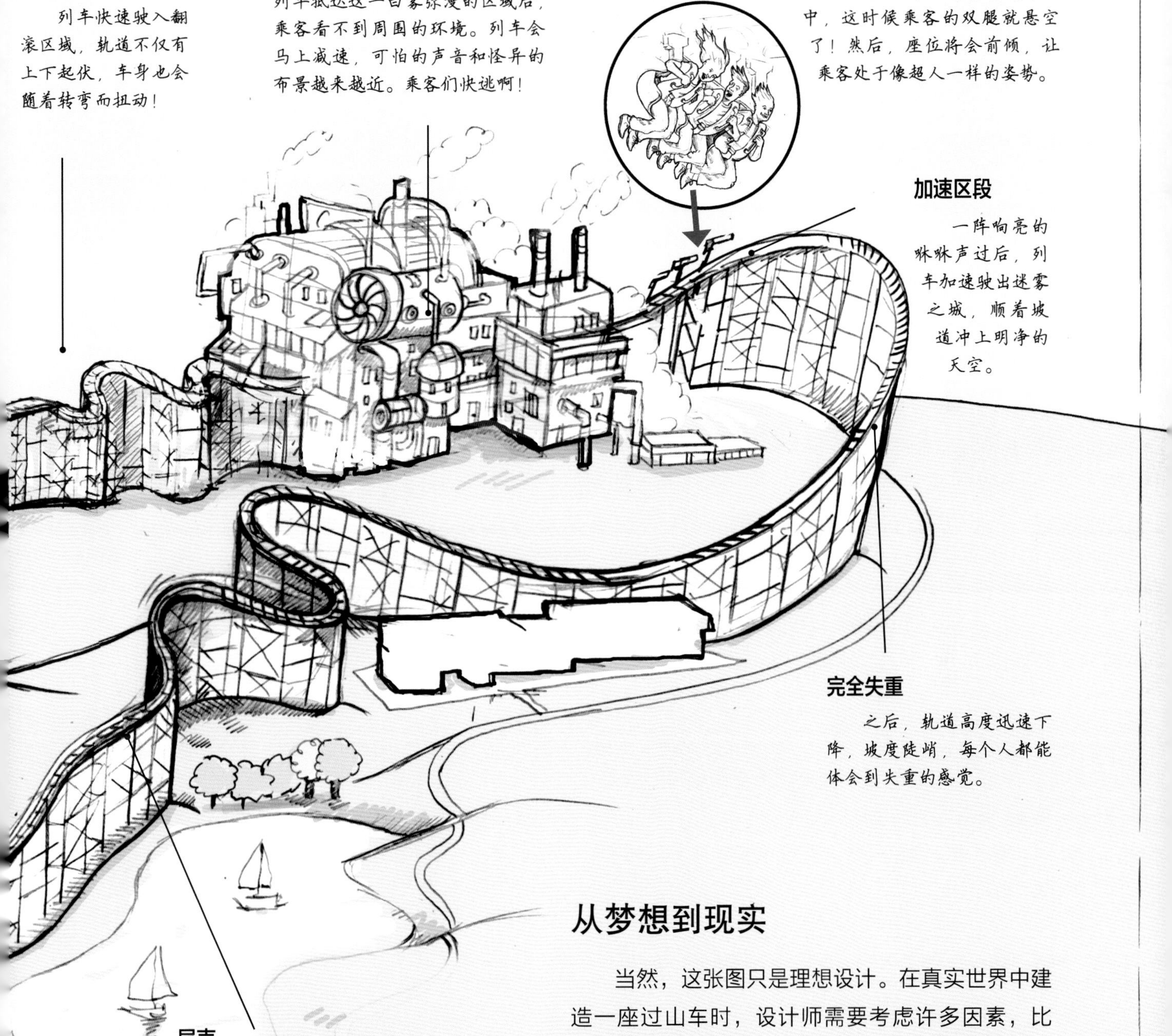

加速区段

一阵响亮的咻咻声过后，列车加速驶出迷雾之城，顺着坡道冲上明净的天空。

完全失重

之后，轨道高度迅速下降，坡度陡峭，每个人都能体会到失重的感觉。

尾声

列车沿坡道扭动、转弯、滑回起点。这一区段行驶速度较低，场地外的观众有机会给他们坐在车上的朋友拍照。

从梦想到现实

当然，这张图只是理想设计。在真实世界中建造一座过山车时，设计师需要考虑许多因素，比如它是不是能建造出来，还有安全问题和对环境的影响。所以，接下来我们要仔细研究设计的各个部分，验证理想设计是否能够变成现实中的游乐项目。

第2步 安全第一！（虽然是第2步……

设计过山车的第1步是提出理想设计，第2步就是确保乘客在游玩过程中不会受伤。正是由于经过了安全检查，所以大多数过山车项目都非常安全。事实上，因乘坐过山车受重伤的概率大约只有两千五百万分之一。

检查项目：最大受力

设计师以重力为参照来测量人在乘坐过山车时的受力。如果受力为1重力单位（表示为1G），所有人都能安然无恙，因为这和我们在日常生活中所受的力是一样的。不过，科学家们知道，即便是习惯了极限受力的战斗机飞行员和赛车手，在10G的情况下有时也会失去意识。而大多数普通人在受力超过3.5G时就会感到不适。

我们需要借助计算机模拟和行驶试验来确保在过山车上的任何位置所受到的力都不超过3.5G。

质量变化

过山车的加速度会影响到乘客的实际质量。比如：

在1G加速度时，37千克的小孩的质量就是37千克。

在2G加速度时，37千克的小孩的实际质量是74千克。

在2.5G加速度时，37千克的小孩的实际质量是92.5千克。

座位的设计也要考虑到乘客质量的变化。如果只能支撑最重的客人在地面上的体重，那么这样的座位承受力是不够的。

解难题！

座位设计师询问座位固定装置需要有多大的承受力，他们想知道列车搭载一名乘客最大的质量是多少。俯冲王过山车的列车分为三节车厢，共乘载90名游客，也就是每节车厢30名游客。工程师表示，每节车厢的最大载重量为2 900千克。

每名乘客最多重多少呢？翻到第171页，看看答案。

当过山车到达坡底的时候，乘客会感觉自己的内脏在超重状态下受到挤压。

一名工作人员检查所有人的座位固定装置是否都卡好了。

检查项目：特殊的健康和安全问题

有些群体不适宜乘坐过山车。包括：

- 体型太小，座位固定装置无法将他们安全固定住的人（比如身高低于137厘米的人）
- 患心脏病或高血压的人
- 孕妇
- 患颈椎或腰背疾病的人

有的过山车还会要求乘客达到一定的体重，还有一些其他的特殊禁乘规定。

检查项目：乘客的身体安全

过山车通过给乘客施加极端的作用力，产生刺激感。作用力越大就意味着乘坐的过程越令人兴奋！不过人体的结构并不适合承受太大的作用力，作用力过大可能会让乘客受伤，甚至危及生命。

最高时速超过160千米对人体是否安全？

俯冲王过山车规划的其中一个部分，就是要让专家给出安全报告。他们会告诉我们过山车是否需要进行安全改进。

解难题！

设计一张海报，以尽可能简单的方式说明哪些人不适合乘坐俯冲王。

这张海报需要张贴在人们开始排队的地方。需要注意的是，并非所有乘坐过山车的人都识字，所以图文并茂的海报效果会更好。

第3步 木vs钢

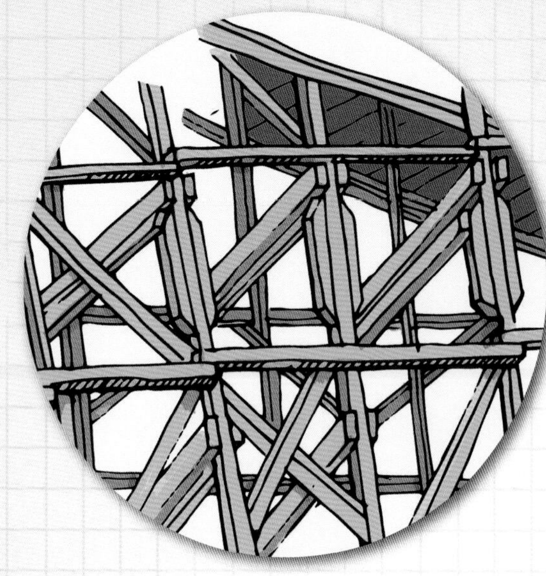

我们要选择用哪种材料建造过山车，木材还是钢铁？使用者调查对于做这个决策毫无帮助，因为喜欢钢质过山车的人只比喜欢木质过山车的人多一点点（52人偏好钢质，47人偏好木质）。所以我们要了解哪种材料更适合我们的过山车，然后做出决定。

木质过山车的优缺点

优点：木质过山车有一个特殊之处，乘坐时木结构产生的声响，以及木头弯曲、摇晃产生的感觉会令人兴奋。并且，木材是一种可再生材料。

缺点：木材的强度不及钢铁。高温、低温、潮湿、干燥等情况都会影响木结构的形状。木质过山车大多手工建造和粉刷，所以建造时间长、成本高。

解难题!

目前世界上最高且最快的木质过山车是美国鹰。这座过山车全长1 417米，其建造耗费材料如下：

- 414 500米木材
- 69 720个螺栓
- 13 900千克铁钉
- 34 000升油漆

美国鹰过山车全长1 417米，而俯冲王计划全长2 012米。也就是说，俯冲王的规模比美国鹰大42%！那么建造俯冲王的话，以上各类材料分别要耗费多少呢？

翻到第171页，可以看答案。

木质过山车比较少见。2007年，全球共有2 088座过山车，而其中1 921座是钢质过山车，只有167座为木质。

这座钢质过山车的结构跟第66页上的木质过山车类似，而钢质过山车的寿命更长。

钢质过山车的优缺点

优点：钢铁的强度比最强韧的木材还要大，所以钢质过山车能够达到更高的速度，设计更急的转弯；钢质过山车的各个部分都能够利用机器分毫不差地生产出来，再运到游乐园进行组装；钢结构的形状一般情况下不会受到温度或天气的影响。

缺点：钢质过山车轨道不会弯曲摇晃，也不会发出木质过山车乘客喜欢的那种吱吱嘎嘎的响声；钢铁不是可再生材料（不过能够回收利用）。

研究笔记

最坚硬的木材强度能够比得上钢铁吗?

· 愈创木是世界上硬度最高的木材之一，其断裂模数为127.2兆帕。

· 用于制作过山车的钢材料的断裂模数一般至少为200兆帕。

最终决定

钢材更加坚硬，能够制作出更极限的过山车。因为我们要设计的是“世界上最棒的过山车”，它必须具备某些极限特征。

钢质过山车无法提供木质过山车一般的声响和晃动感，不过俯冲王将通过纯粹的紧张感和刺激感弥补不足。

这座过山车的最佳建造材料是钢铁。

第4步 爬升坡

最初的设计方案中，爬升坡高度超过120米，不过这个方案还需要修改完善。从这个高度俯冲下落，过山车的速度会突破每小时200千米。安全报告表明，这一速度过快，所以爬升坡的高度必须要比理想设计低一些。

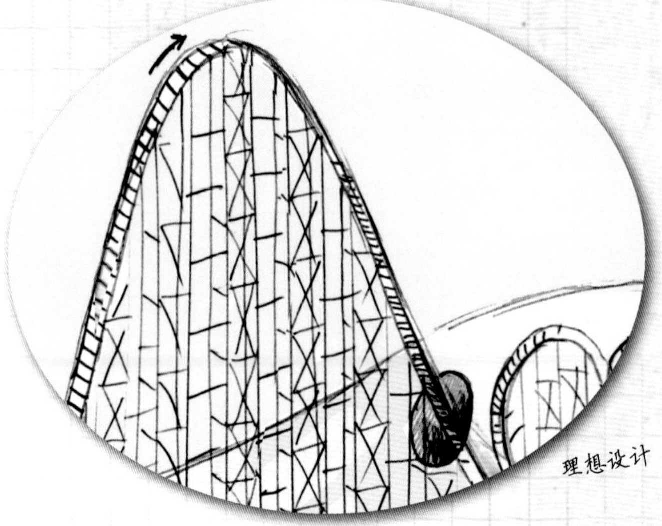

理想设计

改进方案

修改爬升坡高度

为帮助确定爬升坡的高度应该降低到多少，我们可以参考其他过山车设计者是如何做的。

目前世界上最高的链式过山车下落速度为每小时153千米，它的爬升坡高99米。所以，只要将俯冲王的爬升坡高度设计为100米，它就会成为全球最高、最快的链式过山车。

爬升坡的高度大约只有理想设计的75%，所需的支撑结构也更加简单。

解难题!

过山车爬升的速度应该多快?

上网搜索以下三座过山车的POV视频：比扎罗过山车（Bizarro）、公牛过山车（El Toro）和狂怒325过山车（Fury 325）。你觉得哪个过山车的开头是最好的呢？是爬升时间最长的、最短的还是居中的?

过山车	爬升高度	爬升时间
比扎罗	63米	52秒
公牛	55米	28秒
狂怒325	99米	39秒

俯冲王的爬升高度为100米。你认为列车爬到坡顶大概用多少时间是最合适的呢?

假设你觉得45秒的爬升时间是最合理的，你需要计算出俯冲王要用多快的速度爬坡才能在45秒内爬升100米：

100米 ÷ 45秒 ≈ 2.2米/秒

2.2米/秒 × 60秒/分 = 132米/分

132米/分 × 60分/小时 = 7920米/小时 ≈ 8 000米/小时

8 000米/小时，即8千米/时

高速俯冲

这是我们这座过山车最大的特色。列车从爬到坡顶再俯冲下来，一头扎到地下，进入一个狭窄的隧道。这简直太刺激了！

原本的设计中，列车驶入隧道后要经过一组完全黑暗的地下连续回环。但这部分设计存在两个问题：

问题 1：地下隧道的直径原本只比列车大几厘米，安全报告认为，隧道的空间需要做得更大一些。

问题 2：如果在完全黑暗的环境中经历一系列无法预知的高速运动，很可能会造成乘客呕吐。

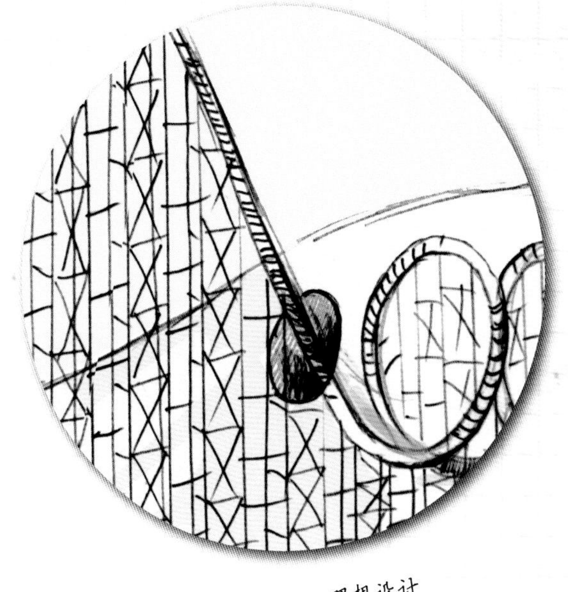

理想设计

解难题！

列车通过的隧道直径需要设计为多少？

- 列车车体高 2.09 米，宽 1.7 米
- 轨道及其支撑结构需要 1.8 米的额外空间
- 安全检查员所使用的步行道宽度至少 0.55 米
- 列车和隧道之间的间隔至少要 2.7 米

画张图可能会帮你更好地计算答案。

翻到第 171 页，看看你算得对不对。

改进方案

最终设计

虽然过山车地下部分的入口变大了，但入地的瞬间仍然会相当吓人。不过，地下的连续回环设计必须去掉，如果乘客在每小时 97 千米的高速行驶中吐在彼此身上，绝对会让俯冲王变成世界上最糟糕的过山车。

连续回环

优秀的设计师懂得改进自己的作品，他们能够在不丢失设计精髓的同时对方案进行修改。连续回环隧道无法放在地下，并不意味着它要从设计方案中彻底消失。也许连续回环能够放在其他位置呢？

替代位置

列车要驶过连续回环区域，速度必须非常快。过山车全程中有两段行驶速度飞快：翻滚区段和加速区段。

列车行驶的速度越快，连续回环对乘客来说就越紧张、刺激。所以，进行连续回环的最佳位置是列车驶出隧道之后。

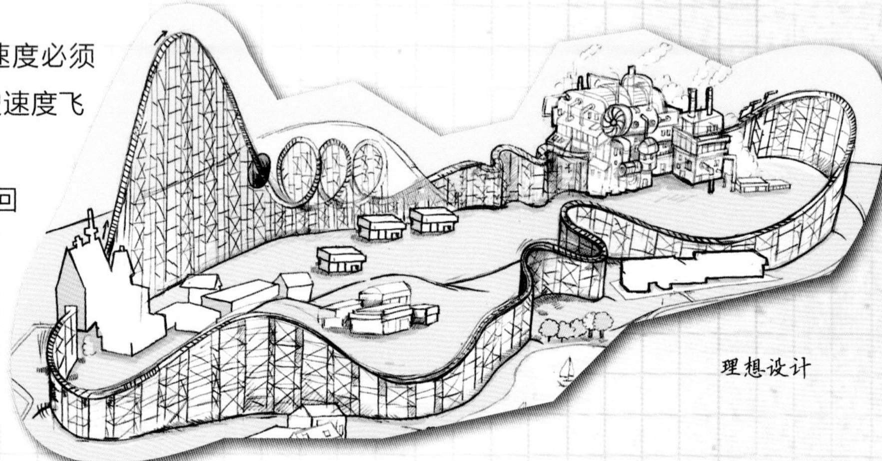

理想设计

连续回环会让乘客感觉天旋地转！

研究笔记

大多数过山车都是借助重力作用获得动力的，也就是说爬升坡必须得是全程最高的一段，从俯冲轨道上下来后速度也是最快的。

如果想理解为何要这样设置，你可以试着骑自行车从一个斜坡上滑下来，然后在不踩脚踏板的情况下，立刻滑上另一个相同高度的斜坡。（尝试时一定要注意周围的路况！）

这是不可能实现的，因为摩擦力和空气阻力会让你不断减速。也就是说，下坡时，重力会让你加速，摩擦力和空气阻力会让你减速；而上坡时，重力、摩擦力和空气阻力都会让你的速度降低！

解难题!

连续回环是这座全新过山车的一个突出特色，所以需要在主题公园中张贴海报大力宣传它。制作一个模型，能帮助你决定从哪个角度展示连续回环是最好的。

你需要一个直径大约5厘米的硬纸板材质的管子（比如卷纸的芯就可以），以及一条可弯折的金属绳。

把金属绳绕硬纸管三圈，之后，将硬纸管抽出来，留下螺旋线圈。

接下来，你要把螺旋线圈放在平坦的桌面上，将手掌斜着盖在线圈的一侧（如图所示），轻轻向下压。螺旋线圈的截面会从圆形变得有点儿像水滴形。设计师会把过山车的连续回环设计成与这个模型类似的形状，底部略扁平，而顶部的转弯比较急。

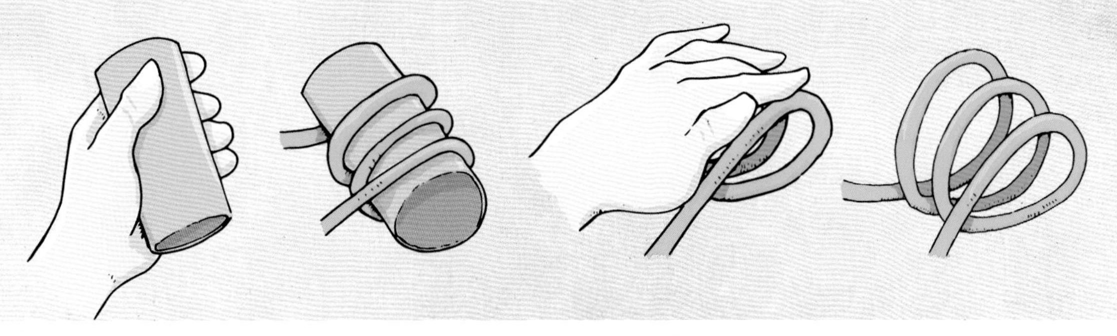

最终设计

最终设计中的连续回环速度飞快，惊险刺激。连续回环跟最初的设计几乎别无二致，只是从地下挪到了地上。由于乘客能够看到自己即将进入回环，所以就不会感到恶心了。

第6步

迷雾之城

连续回环部分结束后，列车会继续驶入过山车中惊悚的部分——迷雾之城。列车通过这一区段时速度不能太快，不然乘客就来不及感受这里的恐怖气氛了。

减速

在驶入迷雾之城以前，过山车的计算机控制系统会让列车减速。不过我们需要让计算机知道，在减速区域要让列车以怎样的速度行驶。

解难题！

连续回环中的三个环垂直高度分别为13米、11.6米和9.5米。已知过山车在行驶中，垂直高度每上下5米，速度会降低12千米/时。

那么，如果列车进入连续回环时的速度为140千米/时，当列车驶出连续回环时，速度是多少？计算过程如下：

垂直高度每上下5米，列车速度降低12千米/时，也就是说，每上下1米，速度会降低12÷5＝2.4千米/时。

要计算列车经过每个回环后行驶速度下降多少，只需要用每个回环的垂直高度乘以2.4即可。

将三个回环降低的速度相加，再用140减去这个和。

翻到第171页，看看你算得对不对。

在连续回环中，列车每次经过一处弯道，速度都会降低。但是具体降低多少呢？

进入迷雾

列车驶入迷雾之城后，旅程就变得恐怖起来。不过理想设计并没有详细描述迷雾中究竟都有些什么机关。接下来的工作就是为这一部分设计主题。

解难题!

调查一下你的家人和同学，看看他们认为迷雾之城最适合用什么主题。比如，它可以是吸血鬼故乡特拉西瓦尼亚地区的一座城市，里面藏着很多吸血鬼。

接下来，给这一区段设计各种事件，事件的时间线可以这样安排：

0:00 [进入迷雾]

0:05 [乘客听到咣当咣当的响声，就像吸血鬼棺材盖打开的声音]

0:10 [两侧出现由远及近的脚步声]

0:15 [迷雾中出现若隐若现的轮廓]

0:18 [广播声：请各位乘客保持冷静，救援队即将赶到]

列车穿过迷雾之城共需要1分钟时间，车速逐渐降低。迷雾之城区段接近尾声时，乘客应该已经非常害怕了。时间线上的最后一件事应该是：

0:58 [广播声：紧急逃生程序启动]

跟朋友一起排演你设计的时间线，并用秒表检查各个事件出现的时机是否合适。这么做能让你了解事件的时间间隔是否需要调整，从而达到最恐怖的效果。

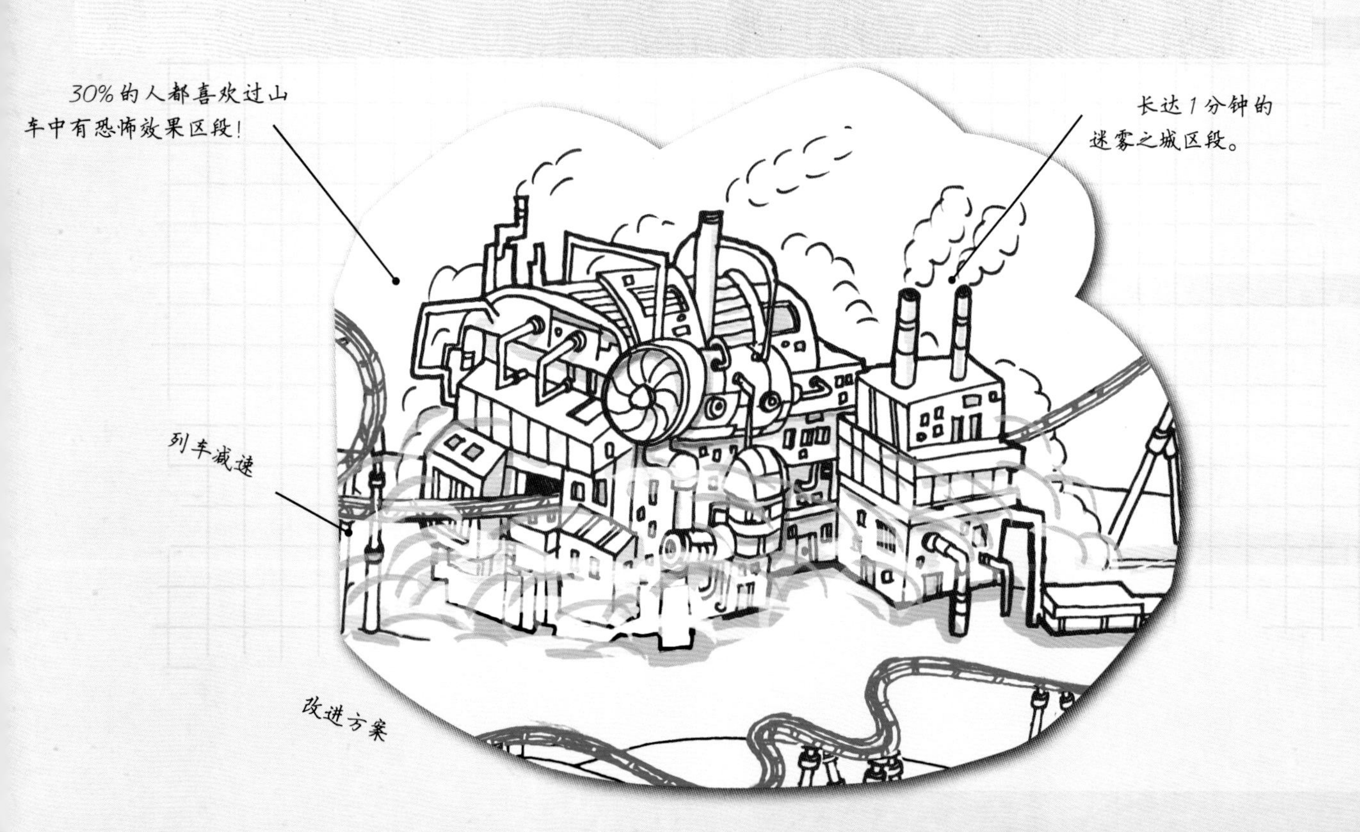

第7步 特制座椅

最初的设计当中，列车驶出迷雾之城前，座椅会与列车分离，变成被抓手提起并固定在头顶上方的轨道上。然后，座椅会向前倾斜，让乘客们像飞行中的超人一样继续余下的旅程。这样做的效果肯定非常刺激，不过这一设计可行吗？

理想设计

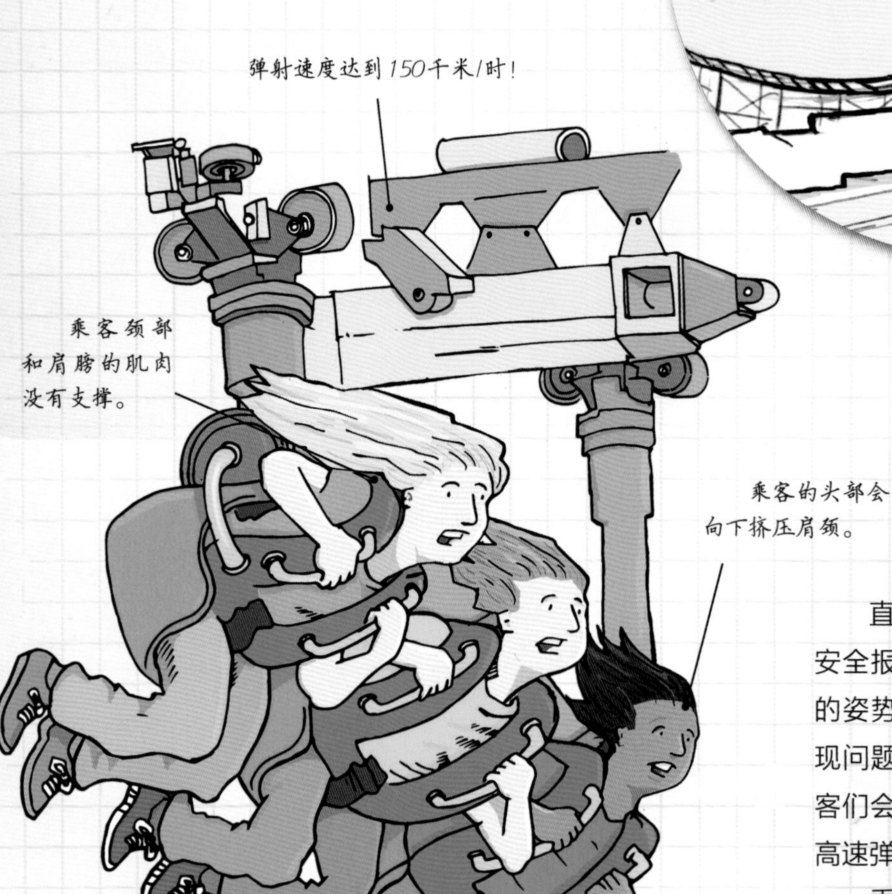

直截了当的回答就是：不可行。安全报告表明，让乘客处于超人飞行的姿势是非常危险的。这一姿势会出现问题是因为在接下来的区段中，乘客们会被加速装置（见第76～77页）高速弹射出去。

乘客坐在普通的过山车座位中时，固定装置会把乘客牢牢地固定在座位上；而处于超人飞行姿势时，在巨大的加速度作用下，他们的头部会向下挤压颈部，这很可能会让乘客受伤。

倾斜的座椅和加速装置

在最终的设计方案中，倾斜的座椅和加速装置只能保留一个。使用者调查问卷结果（见第60~61页）能够帮助你决定保留哪一个：

就正常座椅和双腿悬空的座椅而言，大多数人都偏好前者；

47%的被调查者喜欢突然加速的感觉；

28%的被调查者特别要求在过山车中设置加速装置。

所以，加速装置应该保留在最终方案中，而倾斜的座椅只能忍痛割爱了。接下来，设计师的工作就是设计出确保乘客安全的座椅了。

解难题！

设计一种确保使用者可被安全地高速弹射的座椅。

首先，搜索那些可以让乘客体验到像过山车一样的极限作用力的座椅。你可以参考的对象包括战斗机、航天器、纳斯卡赛车、一级方程式或世界拉力锦标赛赛车，以及其他过山车的座椅。

接下来，列出这些座椅能够为乘客或司机身体的哪些部位提供支撑，明确乘客或司机是如何被固定的。需要注意的是，在过山车的行进过程中，乘客有时会出现头朝下的状态，所以他们必须被妥善固定！

现在，根据你的调查研究，把设计的座椅画出来吧。

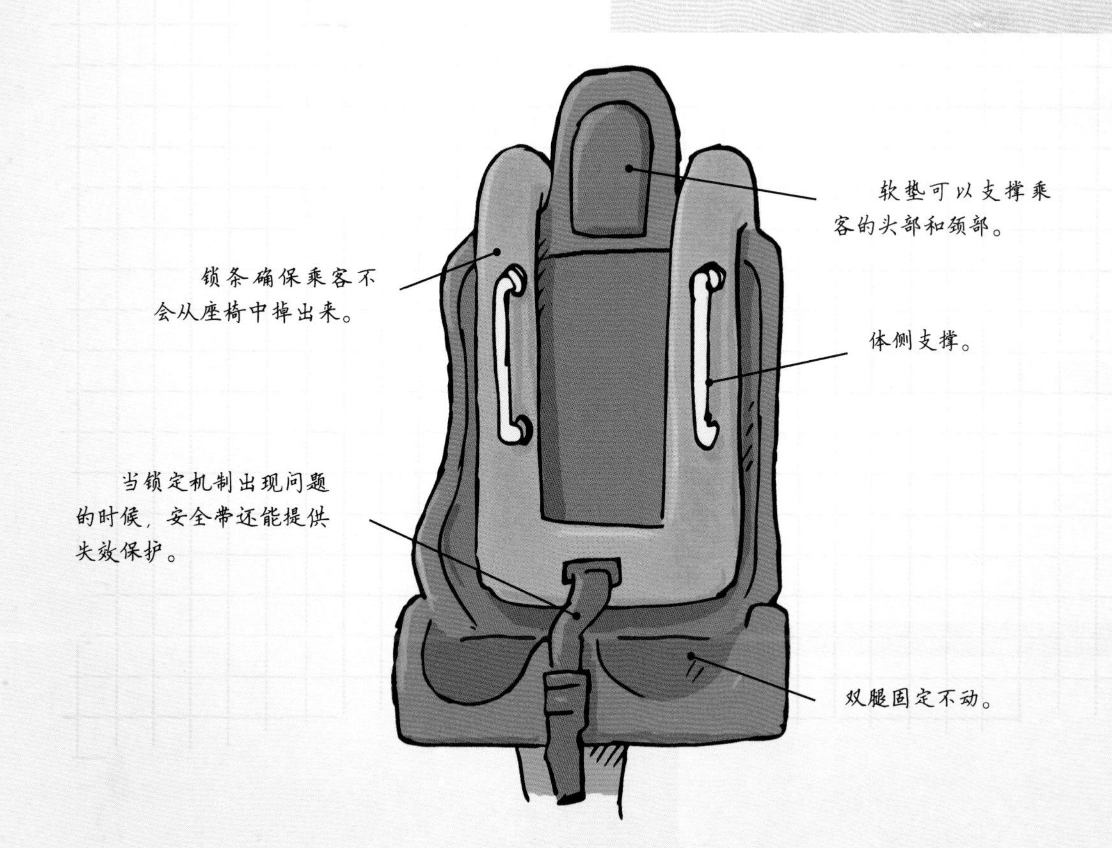

第8步 加速装置

下面是安全广播！

请将双手放在两侧，头部向后靠，目视前方！

乘客听到这条安全警告时，说明列车即将以高速离开迷雾之城。几秒钟内，过山车就会被弹射出去进入完全失重区。

研究笔记

以前，所有的过山车都是完全靠重力作用（见第70页）行驶的。借助像传送带一样的链条，列车被拖上爬升坡，然后沿另一侧坡道滑下来，依靠冲下来获得的速度行驶到终点。

现在，有些过山车会通过弹射器发射来获得速度。弹射器主要有两种类型：

1. 电磁弹射器

这种弹射器最早应用于20世纪90年代。电磁弹射器有不同类型，不过它们都是利用电力在轨道上产生一系列磁场，磁场作用于列车，就会悄无声息地将它快速向前推出去。

不同的电磁弹射器系统性能效果有所不同，对于特定的弹射器来说，要么非常费电，要么启动时动力小而不平稳。

2. 液压弹射器

这种弹射器最早应用于21世纪初，靠柱塞提供动力。柱塞通过列车上的线缆与之相连。

电泵将液体压进每个柱塞的一侧，柱塞另一侧的气体就被压缩了。当列车准备启动时，柱塞就会打开，其中的气体将液体快速推出来，流动的液体会驱动齿轮转动，拉动发射缆绳，于是，列车就会飞速冲出去。

电磁弹射器还是液压弹射器?

最初的设计方案使用的是电磁弹射器。不过环境影响报告认为，设计者也应该考虑使用液压弹射器的可行性，因为大多数液压弹射器的耗电量都小于电磁弹射器。

最终设计

过山车最终会使用液压弹射器。这种技术耗电量更小，所以对环境的影响更小。而且，液压弹射器能让列车启动时乘客的感觉更平稳，于是他们就不会在启动时因为速度的变化而把头撞到椅背上了!

解难题!

电磁弹射器好还是液压弹射器好呢？为了做出决策，你可以制作一张表格，列出两种弹射器的优缺点。你可以根据第76页研究笔记中的信息制作这张表格。下面是一个范本：

加速装置	优势	劣势
电磁弹射器		消耗大量电力
液压弹射器	比电磁弹射器速度快	

翻到第171页，跟你的想法做对比。

改进方案

第9步 完全失重还是不完全失重?

在理想设计中，过山车离开迷雾之城，经过加速区段后要冲上坡道进入完全失重区。在这个区域，乘客会感觉重力仿佛不存在。理想设计计划打破乘风破浪过山车保持的全长24.3秒的失重区域纪录。要达成这一目标，俯冲王需要一条非常长的下行轨道。

理想设计

研究笔记

坐在过山车上的时候，重力作用会把你“按”在椅子上。如果椅子不在了，你并不会直接飘在半空中。重力会把你向下拉，直到有什么东西挡住你，不让你继续往下掉。

你的下落速度会越来越快。在真空中，下落速度约为9.8米/秒。也就是说：

第一秒下落速度：9.8米/秒

第二秒下落速度：9.8+9.8=19.6米/秒

第三秒下落速度：9.8+9.8+9.8=29.4米/秒

这个过程就叫作重力加速度。要让乘客体验到失重的感觉，过山车的加速度也要和重力加速度一样。

完全失重是好主意吗?

使用者调查报告（见第60～61页）显示，只有四分之一的被调查者认为完全失重这个特色很重要。过山车的其他区域已经有一些短暂的完全失重区域了，所以专门用于体验完全失重的轨道其实可以用来实现其他的功能。

列车下落的过程中，其速度会跟重力作用下的自由落体保持一致，这样乘客就会产生失重的感觉。

完全失重的替代方案

如果过山车的设计要放弃完全失重区段，那么要用什么来替代呢?

列车离开迷雾之城，又在加速装置的作用下飞快地冲上山坡，此时列车的行驶速度大约是120千米/时，快得几乎跟从爬升坡顶俯冲下来时的速度一样了。

在理想设计中，爬升坡后面是一段隧道和翻滚区段。我们在改进设计时去掉了翻滚区段，把空间让给了连续回环。所以，我们可以用翻滚区段替换完全失重区段。

最终设计

翻滚区段又回来了！任何一个设计师都不希望看到自己作品的任何一部分被浪费，所以这些高低起伏、左右折返的刺激轨道被重新放进过山车的感觉非常棒。

解难题!

核实列车的速度是否足以翻过翻滚区段的第二个上坡。

在第一个上坡的坡顶，列车行驶速度为120千米/时，假如列车的速度变化如下：

垂直变动距离	下坡速度变化	上坡速度变化
小于1米	增加4千米/时	减少9千米/时
大于等于1米小于2米	增加8千米/时	减少18千米/时
大于等于2米小于3米	增加12千米/时	减少27千米/时
大于等于3米小于4米	增加16千米/时	减少36千米/时

第一个上坡的坡顶距离地面8米，下坡后高度下降4米，然后爬上第二个上坡，坡顶距离地面为6.5米。列车是否有足够的速度爬上第二个上坡呢？翻到第171页，看看你的结论对不对。

第10步 森林带

“世界上最棒的过山车”的设计工作已经接近尾声。设计工作的最后一部分是减速区域，在这段路程中，列车会在回到乘车区前缓慢减速。

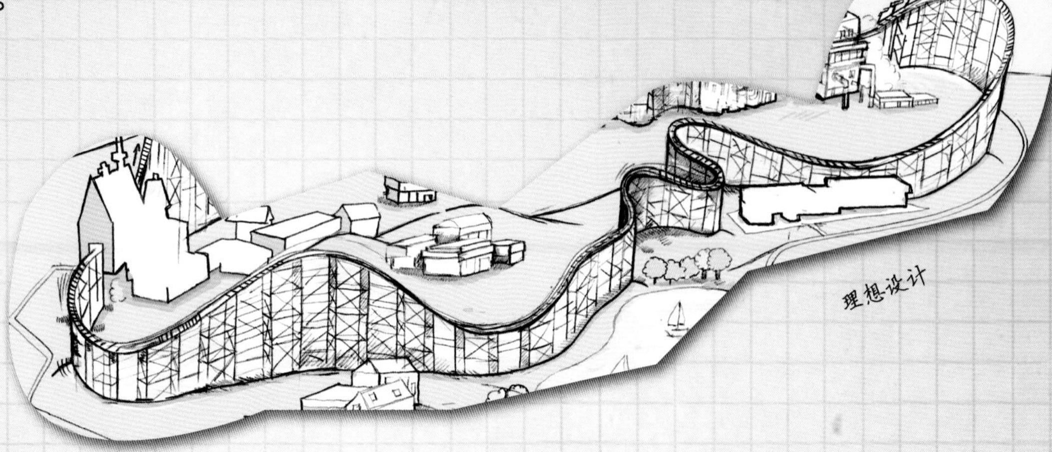

理想设计

路程只剩下最后一些扭转和转弯了。最后这一部分轨道沿着山坡的走势而建，其中有弯道也有起伏，就像史酷比动画片中失控的矿井车轨道一样。目前山坡上种满了树，理想设计当中，这些树木原本是要被砍掉的，这样场外的观众才能给过山车拍照。

环境影响和居民报告

作为过山车设计工作的一部分，游乐园需要对过山车的环境影响进行研究，还需要向当地居民征求对于新的游乐设施的意见：

1. 环境影响

砍伐树木会让山坡变得光秃秃的。每次下雨，土壤都会顺着山坡被冲进当地的溪流中。最终，山坡上会彻底丧失植物能够生长的土壤，而溪流也会被阻塞。

2. 当地居民意见

当地居民不希望树木成荫的山坡变成只有过山车轨道穿过的光秃秃的土坡。他们更希望游乐园能够保留这些树木。这些植被不仅可以将过山车轨道隐藏起来，还能够吸收列车驶过产生的噪声。

最后，一个自然学会写信告知我们，树林里生活着一种稀有的飞蛾，所以这些树绝对不能被砍掉。

这种稀有的飞蛾生活在计划建造过山车的树林里。

解难题!

如果不把树木砍掉，俯冲王过山车的乘客体验会受到什么影响?

要验证这一点，你需要：

· 一辆自行车

· 一块平坦开阔的空地

· 一条穿过树林的窄路

1．把自行车调到速度快的挡位，骑上自行车穿过开阔的空地。一旦你觉得达到最快的速度，就停止踩脚踏板。你感觉自己的速度有多快?

2．现在用同样的挡位在林间窄路上做同样的事情。当你停止踩脚踏板的时候，你感觉比在空地上时速度更快还是更慢呢?

翻到第171页，看看背后的原因。

最终设计

最终设计当中，我们不会把这些树木砍掉，而是将这一区域重新命名为“森林带”。森林带的创意受到一个叫作滚石大冲击的过山车的启发，这座过山车的轨道搭建在颠簸而植被茂密的山坡上。

滚石大冲击的轨道沿着布满树木的山坡而建。虽然这座过山车的时速不超过80千米，但并不影响人们经常票选它为顶级过山车项目!

改进方案

世界上最棒的过山车？

从爬升坡到森林带，俯冲王过山车的设计中每个部分都经过了仔细检查，安全和环境专家、当地居民、工程师和使用者调查都为设计提出了修改建议。终于，我们的设计完成了。

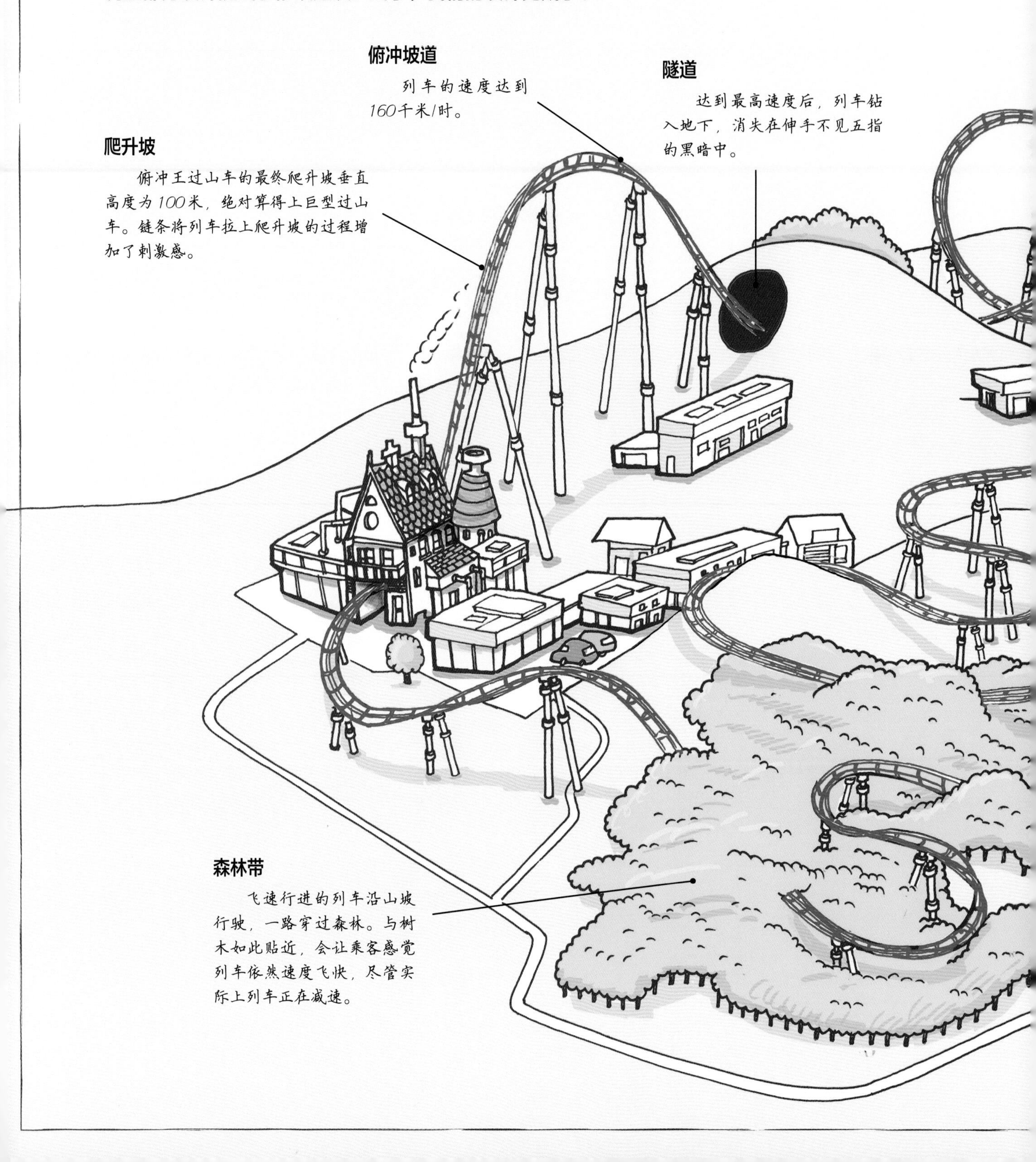

连续回环

列车的行驶速度依然非常快，呼啸着穿过三个让乘客感觉天地颠倒的回环，每个回环的高度依次减小。

减速区

过山车到达这一区域时会立刻减速（好像列车出现了什么问题一样），缓缓向前滑行进入一个恐怖的世界……

迷雾之城

列车几乎快停下来了，列车周围开始响起可怕的声音，有奇怪的轮廓越来越近。乘客被牢牢地固定在自己的座位上。他们得赶快从这里逃出去！

加速装置

乘客听到警告广播后，列车就会被加速装置弹射出迷雾之城。他们以150千米/时的速度飞快地冲上山坡，然后呼啸着经过一个急转弯。

翻滚区段

翻滚区段是一段快速驶过的、上下起伏的轨道。不仅如此，列车在这段路上还会左右晃动。

解难题！

我们要把这个伟大的新建过山车在全球范围内广而告之！

用漂亮的字体和色彩给过山车设计一个宣传海报。

首先，仔细观察过山车的设计图，列出最吸引人的三个特点，为每一个特点写一句简短的介绍。比如：

以160千米/时的高速俯冲到无尽的黑暗中！

宣传品也得包括以下信息：

- 俯冲王
- 游乐园的最新刺激项目！

其他的顶级过山车

俯冲王过山车是一个很棒的设计，不过它还没造出来。如果你想乘坐已经建好的世界顶级过山车，可以考虑下面这些经常进入“前十排行榜”的过山车。

狂怒 325

地点：美国北卡罗来纳州

开业时间：2015年

材质：钢质

最快速度：153千米/时

如果你认真看狂怒325的布局图，你可能会注意到它跟俯冲王有一些相似之处。俯冲王就是在这座过山车的基础上设计的，不过显然也进行了大量修改！

公牛

地点：美国新泽西州

开业时间：2006年

材质：木质

最快速度：110千米/时

公牛过山车刚开业时，爬升坡下落的角度是木质过山车中有史以来最陡峭的（坡度为76°）。列车到达底部的时候会进入非常恐怖的“断头台”区段。

京达卡（Kingda Ka）

地点：美国新泽西州

开业时间：2005年

材质：钢质

最快速度：206千米/时

京达卡是有史以来令人印象最深刻的过山车之一。它是目前落差最大的过山车，并且还是第二高的。

高飞车（Takabisha）

地点：日本山梨县

开业时间：2011年

材质：钢质

最快速度：100千米/时

高飞车是目前世界上最陡峭的过山车，坠落角度121°！高飞车的某些特色也同样出现在了俯冲王的设计当中，比如，下落后进入到完全黑暗的环境中。

罗萨方程式（Formula Rossa）

地点：阿联酋阿布扎比

开业时间：2010年

材质：钢质

最快速度：240千米/时

罗萨方程式是目前世界上速度最快的过山车。它靠液压弹射器发射启动，列车速度之快，使得乘客必须在行驶过程中戴上护目镜，以防止眼睛受伤。

巨人（Colossos）

地点：德国下萨克森州

开业时间：2001年

材质：木质

最快速度：110千米/时

巨人过山车是目前世界上最高的木质过山车，它的建造方式非常独特。木质组件都是在工厂里用激光切割而成的，之后像七巧板一样拼成一个整体。有些地方甚至没有用钉子或螺栓固定，而是用胶黏合固定。

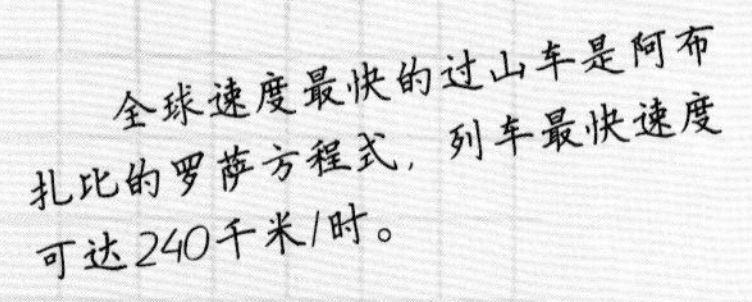

全球速度最快的过山车是阿布扎比的罗萨方程式，列车最快速度可达240千米/时。

滑板场

设计世界上最棒的滑板场

假如你就读的学校的校长、你所在城市的有关部门或是一个特立独行的百万富翁给了你一片土地和一大笔钱，让你去建一个滑板场——你肯定希望能建造世界上最棒的滑板场。但如何开始设计这样一个滑板场呢？

首先你需要3个基本的工具：

· 你的想象力

· 1支铅笔

· 1张纸

另外，别忘了准备1块橡皮……毕竟没有任何设计从初稿就是完美无缺的！事实上，设计中最重要的技能之一就是不断修改和完善。

研究工作

接下来你要去搜集信息，了解如何成就一个好滑板场。试着从各种滑板和小轮车玩家身上获得信息吧，他们能帮助你设计出更受欢迎的滑板场。

要收集顶级滑板场的信息，你有很多渠道可以尝试：

1. 你自己

如果你去过滑板场，你大概已经了解自己和朋友们更喜欢怎样的滑板场。

2. 互联网

如果在互联网上进行研究，你就可以了解到世界各地的滑板场都是什么样子。不过要记住，互联网上并非一切都是真实可信的。你可以从专业网站获得信息，比如滑板杂志的网站或著名滑板手的个人网站。你可以用下面的关键词进行搜索：

· 全球+最佳+滑板场

· 十佳滑板场

· 欧洲（或其他任何你感兴趣的国家和地区）最佳滑板场

不要仅仅使用常用的搜索引擎，你可以尝试用专业的滑板搜索引擎。专业搜索引擎提供的结果往往和非专业搜索引擎大相径庭。

滑板场的建造成本很高，所以你需要吸引大量滑板爱好者和小轮车爱好者才能做到收入覆盖支出。想要达成这个目标，把它打造成附近最棒的滑板场肯定大有帮助！

在滑板场里活动的并不是只有滑板手，小轮车玩家、轮滑爱好者等，都会用到滑板场。你设计的滑板场最好能受到所有人的欢迎。

自20世纪70年代起，这样的露天混凝土滑板场就非常流行。

3. 书籍和杂志

滑板或小轮车的出版物中，通常会有介绍世界各地顶级滑板场的文章。你可以去当地图书馆找一找相关书刊，作为研究工作的起点。

4. 询问身边的人

你的同学、家人或社交账户上的朋友，有没有去过滑板场的？你可以问问他们认为好的滑板场应该是什么样子的。如果你把所有问题列一张清单，再让大家来回答清单上的问题，你就能够比较出不同的人的看法了。

解难题!

设计一份滑板手和小轮车玩家的调查问卷，去了解人们认为滑板场中的哪些设施是最有趣的。

通过研究，你会从顶级滑板场中了解到某些设施的信息。问问参与你的问卷调查的人如何看待这些设施。

第88～89页的内容可能会给你一些想法。

如何成就一个完美的滑板场？

对滑板爱好者和小轮车爱好者进行问卷调查，能够很好地了解人们对顶级滑板场的看法。本页和下一页上的这些问题及选项，是一份可以参考的样本，它们能帮助你想出要在梦幻滑板场中安排什么设施。

沿着碗池边滑，是在优秀滑板手中一直非常流行的方式。

调查结果

样本数量：210
样本来源：滑板场爱好者网站
样板分布：全球各地
年龄：全年龄段

1 你的年龄？

a）9岁及以下 17
b）10~13岁 61
c）14~17岁 78
d）18岁及以上 54

2 你玩滑板还是小轮车？

a）滑板 157
b）小轮车 53

3 你是什么水平的选手？

a）初学者 36
b）中级 70
c）高级 63
d）专业级 41

4 你有没有参加或观看过滑板或小轮车比赛？

a）参加过比赛也看过 22
b）看过，但没有参加过 59
c）没有参加过也没有看过 109
d）不记得了 20

5 你在滑板场里玩的时候，最常使用的区域是哪里？

a）街区 71
b）U型池/斜面 73
c）平地/障碍 21
d）长板区 44

6 你平时会去滑板场的多个区域吗？

a）会 203
b）不会 7

7 如果你会去多个区域，你玩得第二多的区域是哪里？

a）街式区域 61

b）U型池/斜面 72

c）平地/障碍 51

d）长板区 19

8 你最喜欢滑板场中的哪个设施？（可多选）

a）碗池 73

b）半管 62

c）四分之一管 44

d）迷你U型池 69

e）哈巴 58

f）乐趣台 63

g）碾磨轨、路缘、平台 66

h）蛇形滑道 48

i）平地 33

解难题！

设计滑板场的时候，需要注意来这个滑板场玩的人技术水平如何。比如，如果你设计的滑板场中有80%是高阶设施，而来滑板场的玩家中75%都是初学者，那么这个滑板场就不会太受欢迎。

利用问卷中第2个问题的调查结果，计算出初学者、中级玩家、高级玩家和专业级玩家的百分比。比如：

210名滑板玩家中有36名是初学者，换算成百分比的计算过程为：

$36 \div 210 \times 100\% = 17.14\%$

四舍五入保留整数，也就是有17%的滑板玩家是初学者。翻到第172页看看其他等级玩家的百分比你算得对不对。

解难题！

有多少滑板玩家住在你的滑板场附近？

研究人员发现，每100人中约有4.6人未来一年有玩滑板的计划。

100人当中的4.6人即4.6%。

所以，如果你把该区域*的人口数乘以4.6%，就能够大致了解周围有多少滑板爱好者了。

你可以根据以下情况对这一数字进行调整：

如果当地气候温暖晴朗，增加20%；如果当地气候寒冷潮湿，减少20%。如果当地年轻人数量居多，增加15%；如果当地老年人数量居多，减少25%。

第172页上有计算示例。

（*比如你所在的城市，或者20分钟内能够到达的居住区。你可以从当地政府或居委会了解特定的区域中居住了多少人。）

第1步 理想设计

在你研究了全球的顶级滑板场，并完成了第88～89页上的使用者问卷调查后，可能你的头脑中已经充满了各种各样的滑板场设计创意了！现在，你要开始画理想设计图了。

请记住：每一位滑板爱好者都要能在你的滑板场中享受乐趣。无论是初学者、专业选手，还是介于二者之间的玩家都应该受到欢迎。你需要为街头滑板玩家、高台滑板玩家、自由滑板玩家和长板玩家提供不同的玩乐空间。

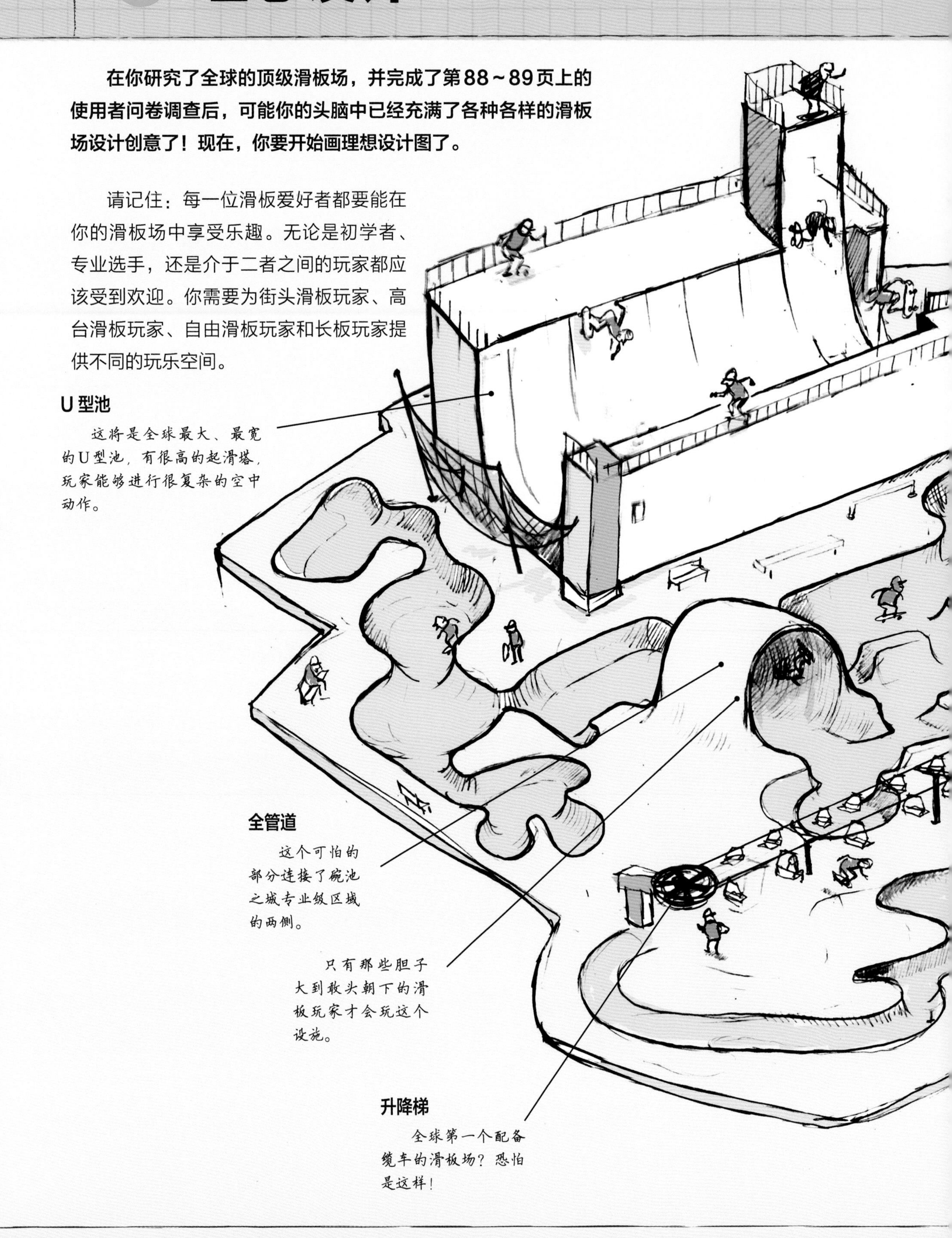

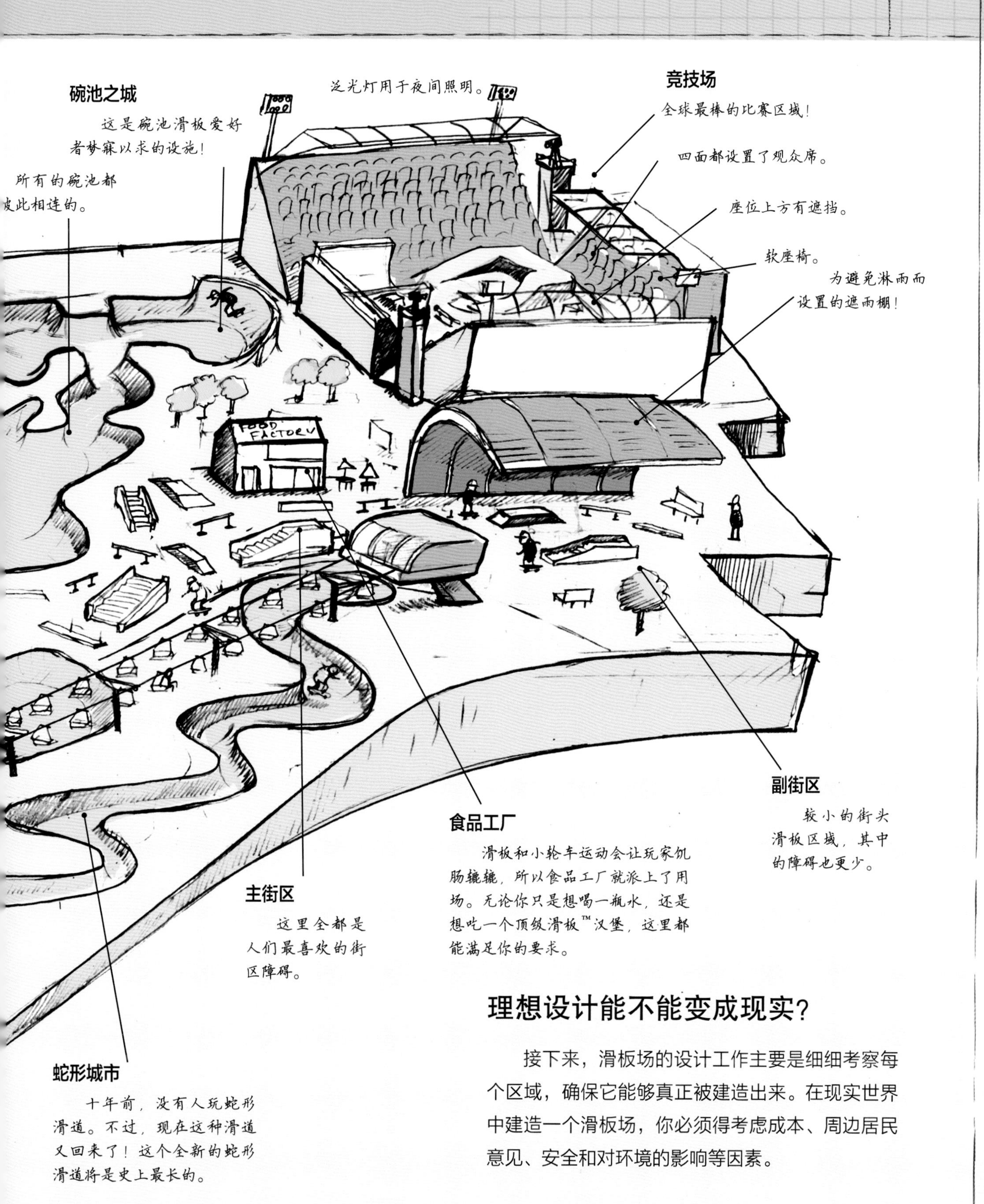

理想设计能不能变成现实?

接下来，滑板场的设计工作主要是细细考察每个区域，确保它能够真正被建造出来。在现实世界中建造一个滑板场，你必须得考虑成本、周边居民意见、安全和对环境的影响等因素。

第2步 碗池之城

碗池之城将会是最大、最棒的碗池滑板区域。原本的计划中，我们设置了一组彼此相连的多个碗池。在这一组碗池中，包括了针对初级、中级和高级玩家的不同区域。不过在现实当中，理想设计可行吗？

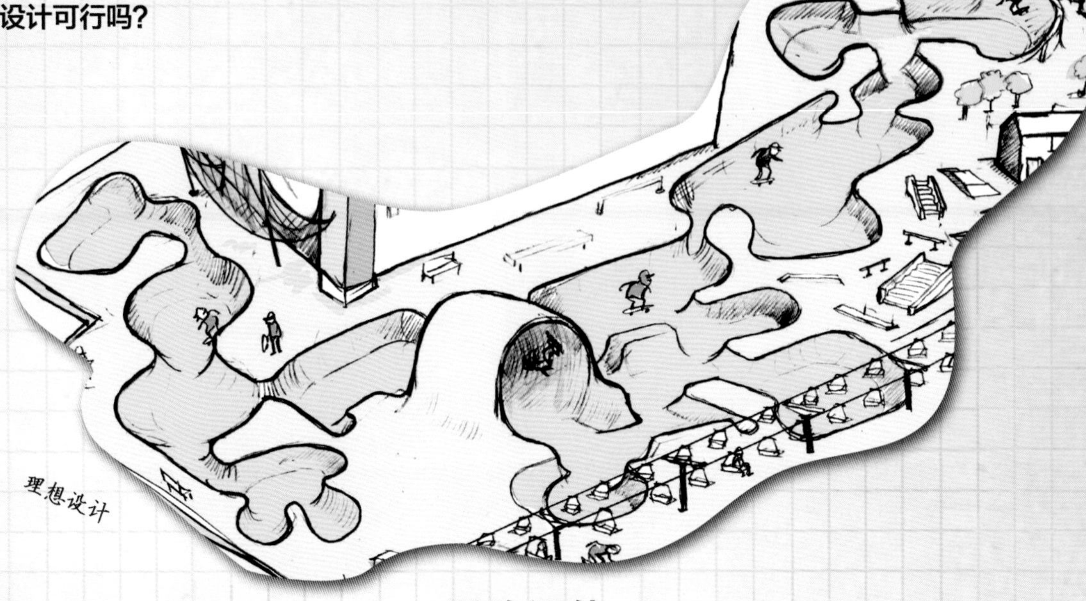

理想设计

研究笔记

所有大型建筑的设计者都需要进行“风险评估”工作。专家会对设计进行研究，判断其中的设施是否存在较大的危险性，以及人员是否有受伤的风险。根据建设内容的不同，有的风险是可被接受的。滑板和小轮车运动本身就是具有危险性的活动，任何人都不可能让它们变成毫无风险的运动。但是，滑板场的设计还是要经过仔细检查，防范可以避免的风险。

风险评估

风险评估结果表明，理想设计需要进行修改：

1. 由于碗池之间彼此相连，滑板玩家之间有以高速相撞的风险；

2. 所有碗池边缘都需要增加至少2米宽的安全带。

碗池区域需要大量减速空间，因为有时候人们离开碗池时的速度非常快！

研究笔记

滑板玩家为碗池区域制定了一系列规则：

人人平等

所有人都可以来池内滑，无论怎么滑都可以，而且每个人都要遵守规则。

一次只允许一个人滑

任何滑行池当中，每次都只能有一个玩家。

等轮到你再滑

不可以插队，不可以在比你等待时间更长的玩家之前跳下滑行池。

红色区域不能停下

禁止站在碗池或U型池中别人的滑行路线上。

不要当“池霸”

即便你有本事在碗池里连续滑5分钟，也不要这么做！要给别人上场玩一玩的机会。

解难题!

设计一个吸引眼球的海报，张贴在碗池之城的每一个起滑点。

海报的内容要基于滑板玩家制定的滑行规则（见研究笔记中的内容）。

如果你用图文并茂的方式设计海报，还不识字的玩家也会更容易地了解海报内容。

最终设计

让设计更加安全的最好办法是将碗池部分分成三个单独的区域：第一个区域给初学者，第二个区域给中级玩家，第三个区域给高级和专业级玩家。

第3步 全管

理想设计中，在专业玩家区域的中心位置，有一个两端开口的完整管状结构。这个设施的好处在于，滑板玩家和小轮车玩家能够从管子的任意一端进入，做一个完整的回环后从另一端滑出来。

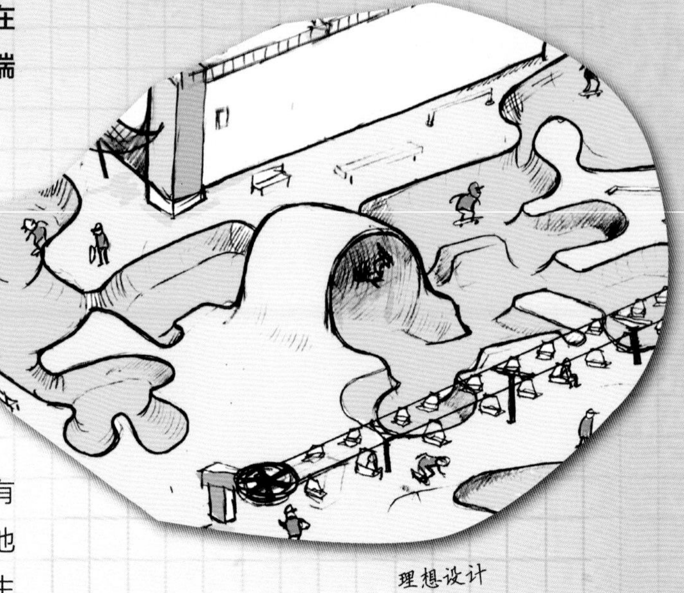

理想设计

环状滑道设计?

不幸的是，风险评估结果（见第92页）表明，这一处的设计必须进行修改。这个设施有一个严重的问题：管子两端可能会同时有玩家进入，而且在进入前都看不到对方。如果他们都滑到中部、在环状滑道的顶端相遇，会发生什么呢?

信号灯和减速带

全管设计中存在的问题有两种解决办法。

1. 信号灯系统

入口处可以安装红绿信号灯。如果一端亮绿灯，则另一端自动亮红灯。红灯表示不能进入全管，而绿灯表示允许通行。

2. 减速带

如果只允许玩家从一端进入全管中，风险就会减小。另一端可以作为减速带，玩家能够在这里短暂停留，然后再进入其他碗池。

解难题!

判断哪一种是让全管部分尽量安全的最佳方法。

通过列表格，写出每种方法的加分项和减分项，这也许能帮助你做出决策。你可以参照下面的样式列表格。

方法	加分项	减分项
信号灯	玩家能够从任意一端进入	
减速区		只有一个入口

哪种方法加分项更多而减分项更少？你能够在其中一种方法中找到一个加分项是另一种方法的加分项全都无法匹敌的吗？或者找到任何一个证明该方法不可行的减分项？自己思考过后，可以翻到第172页，看看你的想法对不对。

这个全管设施一端封闭，因而两个人不可能相向滑行而撞在一起。

改进方案

最终设计

最终设计选择的是减速带方法。这种方法有一个巨大的优点，就是完全不可能有两个人从相反的方向进入管道而看不到对方。

为了增加趣味性，进入全管设施的唯一通道是高级玩家的碗池区域主体部分引出来的短隧道。这一段隧道有一点儿向下的坡度，从而防止玩家折返、掉头。飞速穿过隧道进入全管是个不小的挑战。

第4步 U型池

原本的设计中有一个巨大的U型池，还有同样巨大的起滑塔。规划中的起滑塔比鲍勃·伯恩奎斯特家20米高的巨型U型池还要高（伯恩奎斯特是职业滑板选手，他在自家后院里建造了目前全球最大的U型池！）。

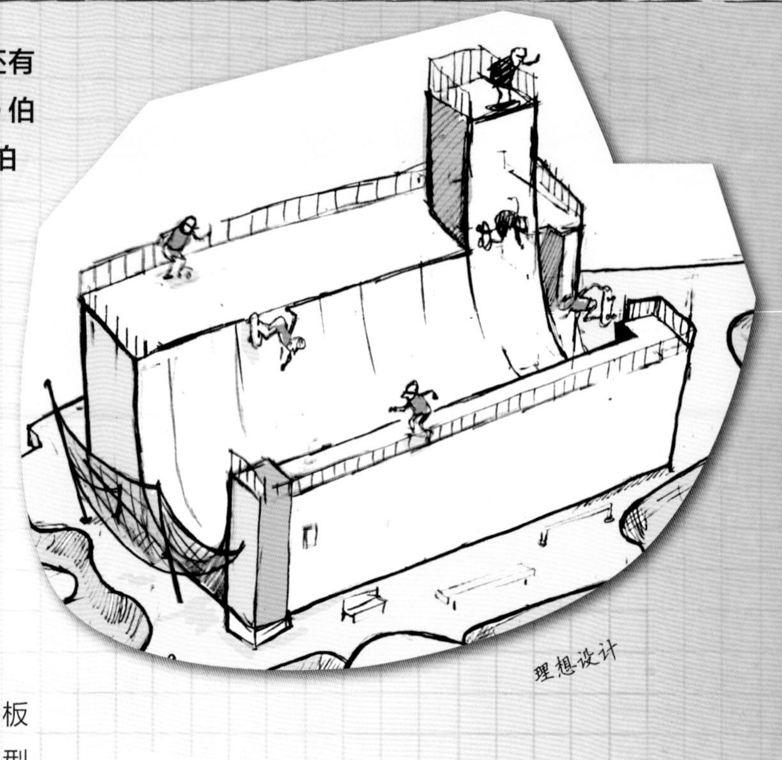

理想设计

速度的上限是多少？

到了伯恩奎斯特的巨型U型池上，滑板玩家的速度通常能够达到90千米/时。U型池更大，玩家能达到的速度也就更快。有些玩家甚至能够滑到接近滑板速度世界纪录的130千米/时！

在这样快的速度下发生事故容易造成重伤，甚至有生命危险。对于向初学者开放的滑板场来说，这个设施的风险太高了。

多大才算“太大”？

原本设计当中，巨大的U型池两边的斜坡又高又陡峭。这对于专业级选手来说非常合适，但是根据调查，大约只有五分之一的人能达到专业水平。其他的大多数玩家可能只能看着他们在U型池里滑，但自己不敢下场。

鲍勃·伯恩奎斯特在极限运动会上滑了巨型U型池之后，才建造了自己的那一个。伯恩奎斯特认为极限运动会上的U型池不够大，所以他回到家，在后院里建了一个更大的。

宽阔、低矮的U型池对于希望建立自信的新手来说是最合适的，也适合想要练习新动作的专业级选手。

最终设计

最终设计保留了起滑塔，但是高度有所降低。专业级选手可以从距离池边3米高的平台跳入U型池，这部分U型池的两边仍然又高又陡峭。

起滑塔其他的部分更矮、更宽，对于中级玩家和初学者来说更容易上手。

解难题！

重新设计的U型池将会是这个滑板场的招牌设施。你需要大力宣传，让人们知道它的存在。而且，宣传品中要用到正在使用中的U型池的卡通画。

以U型池的模型为基础设计卡通画。要制作U型池的模型，首先要准备一张纸和没有盖子的旧鞋盒，并将鞋盒的一端剪下来。接着，将纸横铺在鞋盒上，用鞋盒剪下来的部分将纸向下压。注意不要在纸上留下折痕。

一直向下压，直到纸的形状像U型池一样。纸的两端应该是垂直的，而底部是扁平的，过渡的部分则是弯曲的斜坡。

当纸看上去成型了的时候，用胶带将纸粘在鞋盒上，就可以开始画卡通画了！

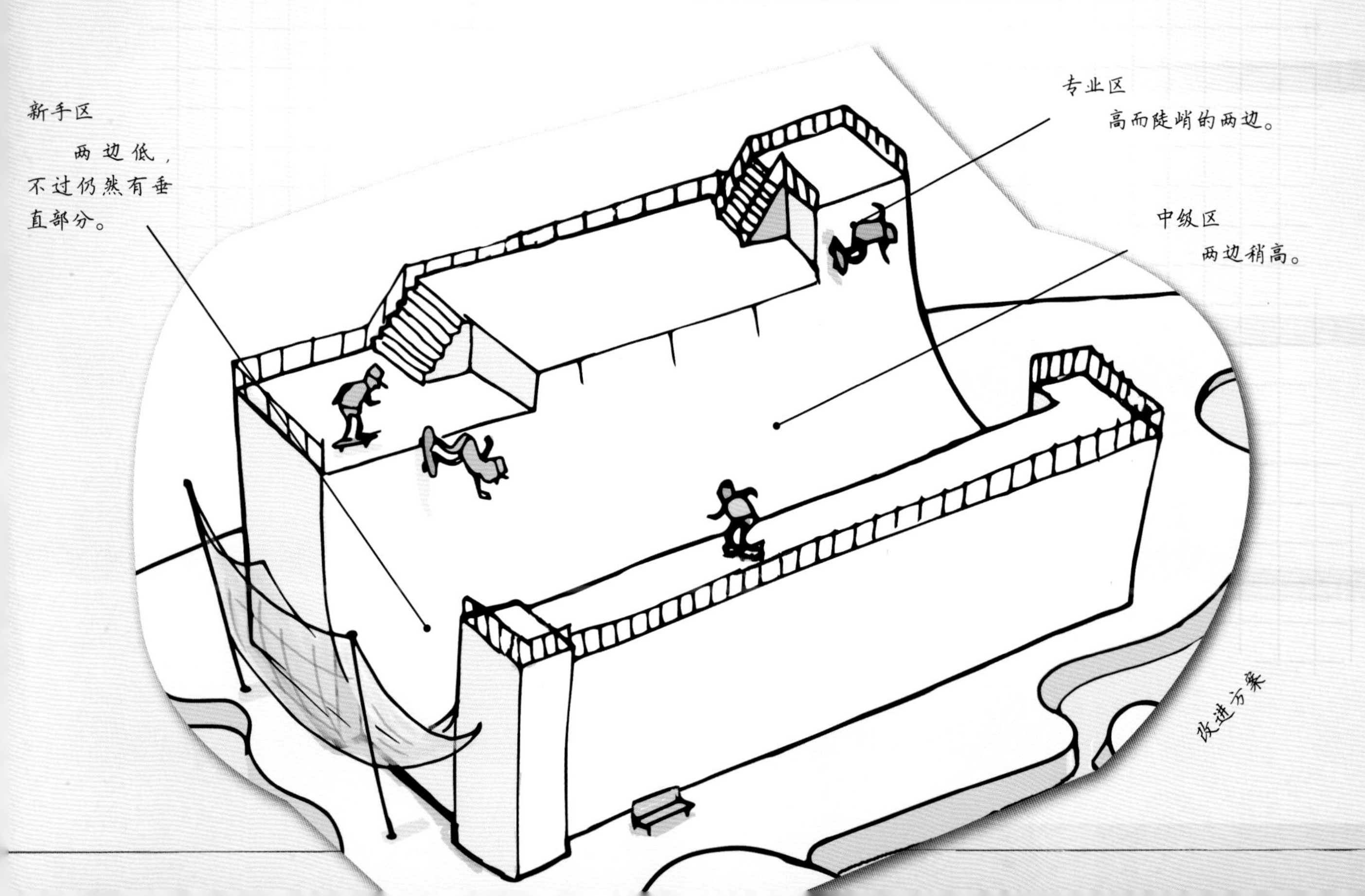

第5步 主街区

原本的设计当中，主街区部分包括所有滑板爱好者和小轮车爱好者梦寐以求的混凝土街区设施。这里有扶手、墙壁、乐趣台和三种不同大小的哈巴，还有用来玩碾磨动作的路缘及平台，旁边还有平地区域。

风险评估结果（见第92页的研究笔记部分）认为，这一部分的设计完全可以按照计划建造出来。但是，人们在设计大型建筑项目的时候还要进行“环境评估”，主要反映建筑对环境的影响。这份报告认为，这部分区域有大量混凝土质的设施，会对环境产生严重影响。报告建议建筑材料用木材会更好。

把建材换成木材，就像右上方的图片中那样，真的能够比上图中的混凝土质滑板场对环境的影响更小吗？做些研究和计算的工作能帮你想出答案。

研究笔记

所有的建筑材料都有一个“能耗”指标，这个指标用来衡量建筑材料在生产、运输和使用时所消耗的能源。在这些环节中还会产生CO_2（二氧化碳），它也会对环境产生不利影响。

常见的滑板场建筑材料是混凝土和木材。专家已经将这些材料的能耗和CO_2排放量计算出来了。

	混凝土	木材
每平方米建材的能耗	290千焦	80千焦
每平方米排放的CO_2	27千克	4千克

解难题！

从环境角度来看，木材是不是比混凝土更合适的建筑材料呢？

你可以从三方面来判断：

1. 建造街区滑板部分需要消耗的能源

2. CO_2排放量

3. 建材的使用寿命

主街区和副街区中，街头滑板设施的表面积总共为1 200平方米。研究笔记当中提供的数据能够帮助你做出决策。

比如：

1. 能耗量

如果选择混凝土作为建材，每平方米能耗为290千焦，街区部分总表面积为1 200平方米，所以总能耗为$290 \times 1\,200 = 348\,000$千焦。

计算出每种建材的能耗和CO_2排放量之后，还需要再计算另一个数字。混凝土的使用寿命比木材长，如果木质滑板场使用15年后就需要翻新，而混凝土质的使用45年后才需要翻新，那么哪一种建材平均每年对环境产生的影响更小呢？

翻到第172页，看看你的答案对不对。

最终设计

街区部分的设施尽可能使用木材建造。这不仅对环境更友好，而且木质设施需要更换的时候，也可以趁机对整个区域进行升级改造。

改进方案

第6步 副街区

即使环境再好的滑板场，也免不了会淋雨！积水会让户外滑板场的场地变得湿滑、危险，还会损坏滑板的轴承。有遮雨棚的副街区部分，能够让玩家在下雨或地面湿滑的时候也有地方玩。

理想设计

可能的替代方案

副街区的设施主要使用木材建造，而不是混凝土（第99页的内容能让你想起如何做出这个决策的）。除此之外，还需要修改其他地方吗？

节省成本

设计师的工作之一就是在尽可能低的成本约束下提出尽可能好的设计方案。理想设计在街区部分有两个区域带顶棚：副街区上方的遮雨棚和食品工厂上的顶棚。

建造一个大顶棚比单独建造两个小顶棚的成本更少。

环境影响

滑板场内需要水供人饮用、清洁，以及冲厕所等。原本的方案是全部引入管道自来水来满足这些用水需求，就像家庭用水一样。但是环境影响报告（见第98页研究笔记）建议将滑板场顶棚的雨水收集、储存后使用。

研究笔记

几种主要用途的平均用水量：

· 冲马桶　一次6升；

· 淋浴　一次65.1升；

· 水龙头　每分钟1.9升。

在湿滑的路面上滑滑板非常危险，还可能会让装备受损。如果你生活的地方经常下雨，有遮挡的区域就特别实用。

解难题!

滑板场将会从顶棚上收集雨水。你需要计算出总共能收集到多少雨水，并考虑这些水能够用来做什么。

最终设计中将会有两处顶棚。副街区上方的顶棚面积为297平方米，而竞技区的顶棚略小，只有118平方米。

当地每年的平均降水量合算为每平方米783.2升。

要计算出每个顶棚能够收集多少雨水，需要用顶棚的面积乘以平均降水量。

阅读研究笔记，用其中的信息推测一下收集到的雨水可以用来做什么。比如，如果平均每次冲马桶的用水量为6升，那么滑板场顶棚上收集来的雨水够冲多少次马桶？

翻到第172页，看看你算得对不对。

最终设计

最终设计中，食物工厂将会移到副街区旁边，这两个区域使用同一块顶棚。这一改动能带来两个好处：

1. 街区滑板部分的成本比之前更低，因为工人只需要建造一个顶棚，而不是两个；

2. 从一个顶棚上收集雨水更方便，因为将雨水从顶棚引到储水罐所需要的管材更少。

改进方案

第7步 竞技场

理想设计中包括世界上最棒的竞技场地。场地四周都有观众席，观众席上方还有顶棚。场地配备了泛光灯、供比赛选手练习的热身区域、拍摄平台和你能想到的一切设施。

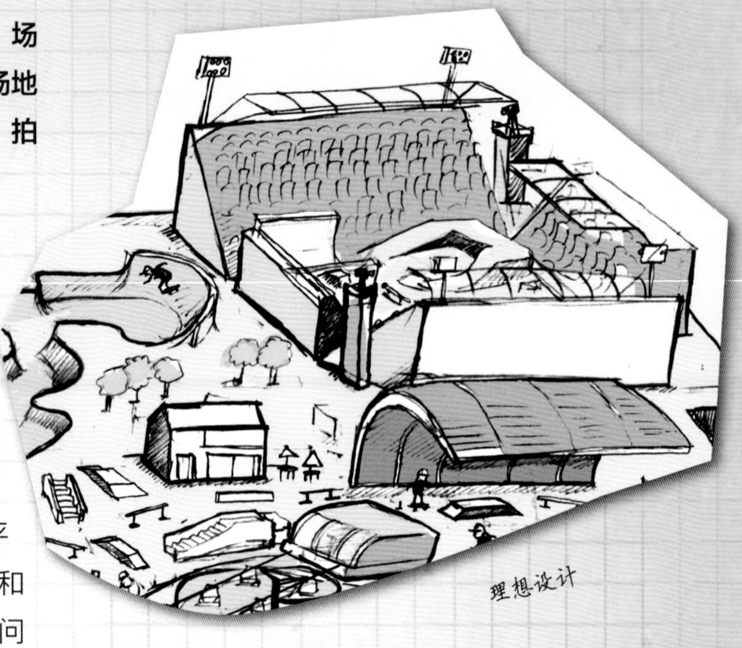

理想设计

竞技场的建造成本非常高，座位、拍摄平台等设施的成本比滑板场其他部分的成本总和还高。在做出最终决定之前，设计师必须要问问自己：这是否值得?

解难题!

翻回第88～89页，看看使用者问卷调查的结果，其中有兴趣参加或观看竞技比赛的人占多少百分比?

如果你不记得如何将人数换算成百分比，可以翻到第89页复习一下。

4 你有没有参加或观看过滑板或小轮车比赛?

a）参加过比赛也看过	22
b）看过，但没有参加过	59
c）没有参加过也没有看过	109
d）不记得了	20

翻到第172页，看你算得对不对。

根据需求改进方案

设计只有充分满足受众需求，才能达到良好的效果。从使用者问卷调查来看，并没有很多使用者对于竞技比赛感兴趣。所以将大量资金花在竞技区的建设上并不是明智之选，而将资金用于滑板爱好者真正会使用的区域建设上，效果会更好。

通过互联网，竞技比赛实况能够直播给全球观众。

研究笔记

滑板场竞技比赛能够向无数人展示场地面貌，因为全球有成千上万人通过互联网实时收看滑板和小轮车比赛的直播，或是观看比赛视频。

观众数量空前的滑板比赛有：

· 2014年通过电视现场转播的一场街头滑板比赛，观看人数多达170万人。

· 2015年的一场比赛，在互联网上共计75万滑板爱好者观看。

所以，设计带有拍摄平台的竞技区是很好的创意。

泳池花式滑板比赛往往能吸引大量观众，特别是在太阳落山之后。

最终设计

滑板场的竞技场仍然保留。根据使用者调查问卷，超过三分之一的人喜欢观看比赛，即便他们自己并不会亲自参与。不过在最终设计当中，竞技场的大部分设施都会被迫放弃，但是会保留最重要的设施。

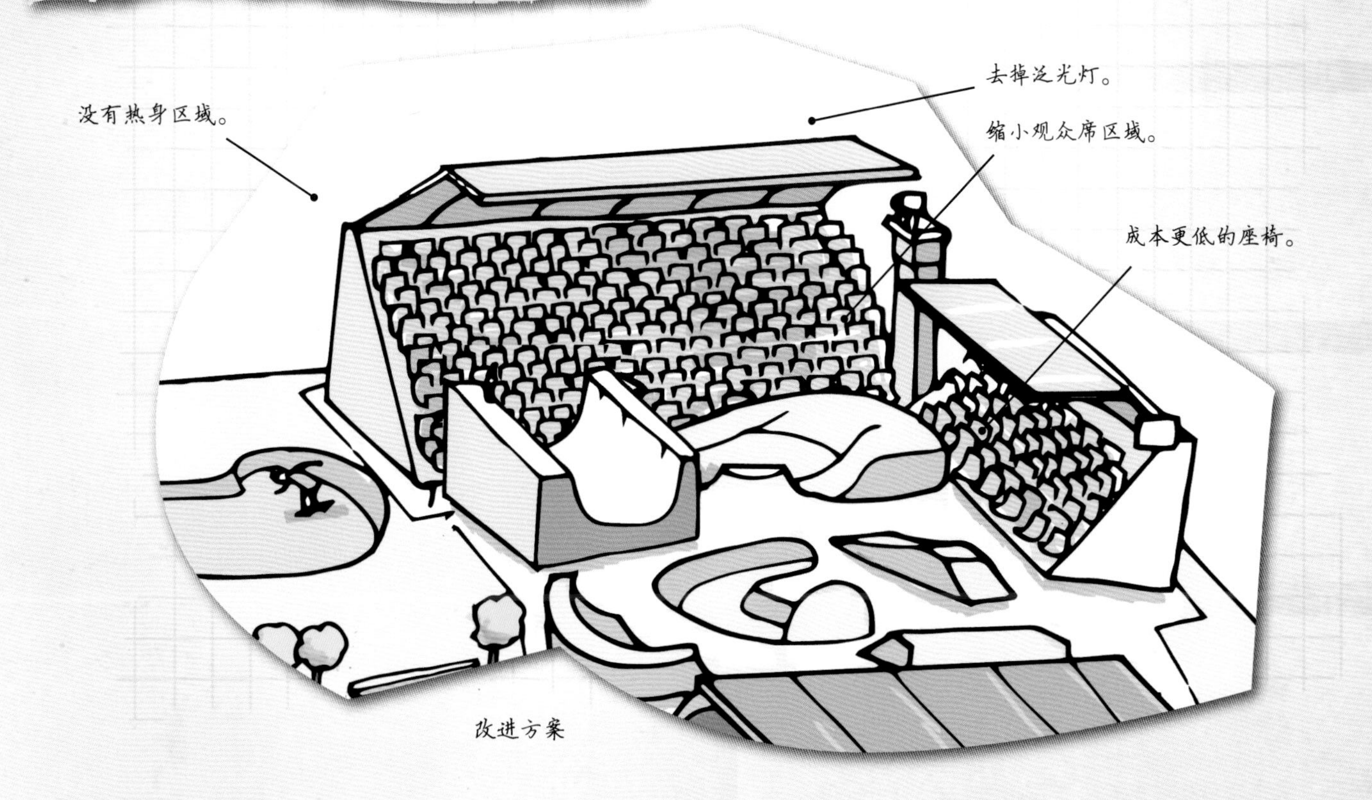

改进方案

第8步 升降梯

理想设计中包括了像滑雪场中一样的缆车，将滑板玩家从滑板场低处带到高处区域。有了这个设施，他们就能够从空中穿过不同的区域，在玩蛇形滑道后轻松地乘缆车返回，而不需要辛苦地一点点走回去。

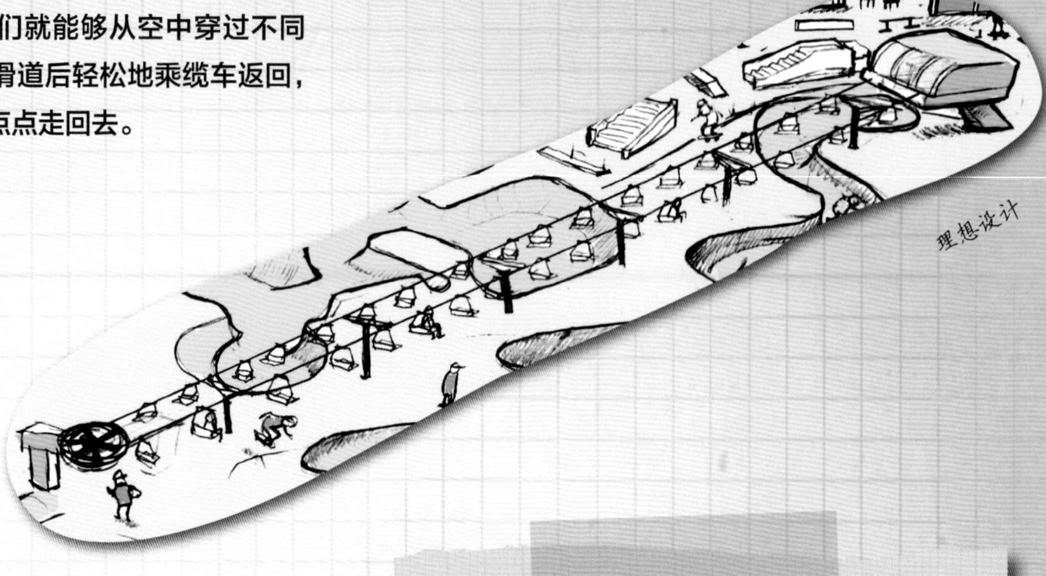

理想设计

缆车的问题

理想设计存在两个问题。

1. 缆车一般使用在滑雪和单板滑雪的场地上。在这些运动中，无论是单板还是双板，滑雪板都能够安全地固定在滑雪者的脚上，不会掉下来。而滑板则不会绑在玩家的脚上，从缆车上掉下来的风险很大。

2. 缆车的建造成本非常高！即便竞技场部分的建造成本有所减少，也最好能找到一种更加便宜的方式把玩家运到滑道顶部。

研究笔记

以下三种不同的运输系统出现在滑雪场中，将山脚的滑雪者带回到滑道顶端。

1. 盘式拖牵，乘客用双腿夹住末端固定了一个盘状物的杆子，就能够被带上山。

预计成本：750英镑/米

2. 绳索牵引，乘客抓住一条移动的绳索，就能够被拉到顶端。

预计成本：172英镑/米

3. 电动步道，和购物中心、机场中的步道类似（在滑雪场中，这些设施被称为“魔毯”）。

预计成本：595英镑/米

滑雪场中，人们乘坐缆车就能到达山顶。

解难题！

用研究笔记当中的信息，想一想用哪种方式将人们带回到滑板场的高处区域最合适。

滑板场中返回高处的路线长53米。你要根据以下几个问题考量各个方法：

滑板玩家和小轮车玩家是否都能方便使用？

使用这种设施会对其他使用者造成危险吗？

需要多少成本？

你可以画一张表格来对比这三种方法，得出结论。

方法	滑板和小轮车玩家是否都方便使用	会对其他使用者造成危险吗	成本（每米价格 ×53米）
盘式拖牵	否		
绳索牵引	小轮车玩家无法使用		
电动步道			

翻到第172页，看看你是否都考虑周全了。

最终设计

滑板场的最终设计采用绳索牵引。这种设施虽然不如缆车舒服，但也总比步行好一些！况且没有其他任何滑板场使用过这种设施。滑板玩家可以踩在滑板上被牵引到滑道顶端；技术娴熟的小轮车玩家可以把绳索夹在腋下，双手紧紧握住车把，被绳索牵引上坡。不过其他的小轮车玩家就只能费力骑到坡顶了！

第9步 蛇形城市

蛇形滑道是理想设计当中最独特的设施之一。滑道沿着人造山坡从坡顶一路向下，其中有两侧较高、滑道宽阔的区段，能够让玩家做花样动作。这类滑道上一次流行是在20世纪70年代，不过现在风潮又卷土重来了。长板爱好者特别喜欢这种滑道。

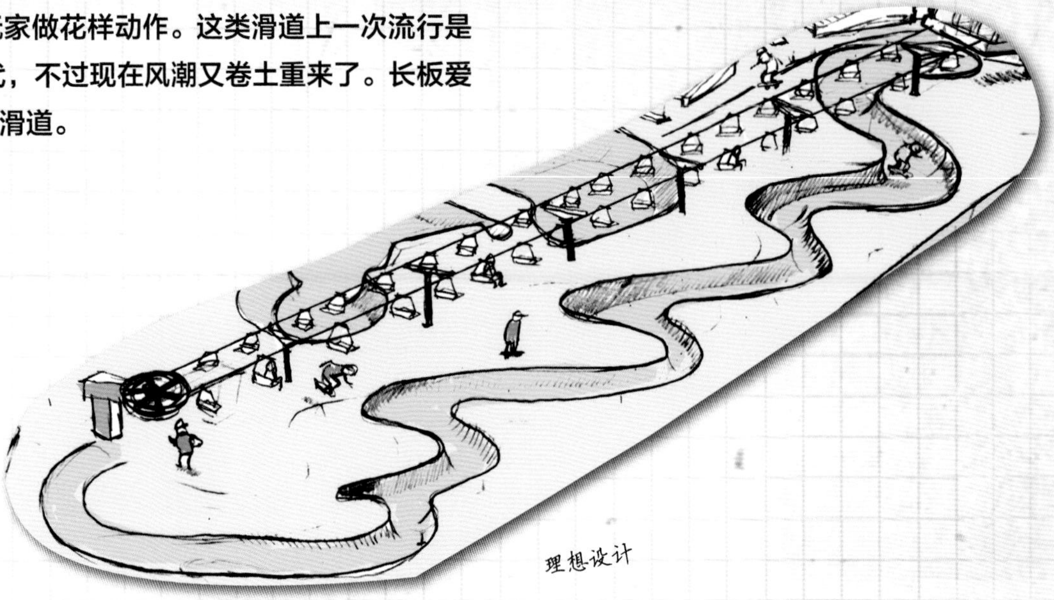

理想设计

研究笔记

全球最著名的两个蛇形滑道分别是：

· 美国佛罗里达的科纳滑板场

这可能是世界上最古老的滑板场，也拥有最早的一条蛇形滑道。科纳蛇形滑道的末端与巨大的碗池相连，这个碗池也号称是世界上最大的。

· 美国宾夕法尼亚的伍德沃德夏令营

伍德沃德夏令营中的蛇形滑道长350米，是世界上最长的。这个滑板场跟科纳滑板场完全不同，其中有各种现代滑板障碍设施。

是否需要修改？

原本的设计看上去不错！

1. 安全报告并没有提出任何修改建议。滑道适合所有玩家，初学者可以在滑道中段降低滑行速度，而专业级的玩家能够在两侧滑上滑下逐渐加速。

2. 环境评估确实提出了滑道是否能改用木材，而不使用混凝土建造（见第98～99页），不过这完全不可行。蛇形滑道内部光滑、连续的弧线只能用混凝土建造。

现在只剩下一个问题了，人工坡的高度太高了！周围的居民抱怨，滑板玩家和小轮车玩家站在坡顶能够看到他们家中的状况。所以人工坡的高度需要降低1米。

解难题！

原本的设计中，蛇形滑道的长度为209米，垂直落差9米。也就是说，滑道从高处向低处，每米高度下降4.3厘米。计算每米落差的过程如下：

$9 \div 209 \approx 0.043$

0.043米＝4.3厘米

现在，人工坡的高度需要降低1米，也就是说垂直落差从9米变为8米。你能够计算出在每米落差不变的情况下，蛇形滑道的总长度变为多少吗？

翻到第172页，看看你算得对不对。

这是英国艾塞克斯郡罗姆滑板场的蛇形滑道，号称是全英国最古老的蛇形滑道。

最终设计

最终设计中的蛇形滑道长度比之前略短，中段的长度大约缩短了10%，人工坡的高度也降低了1米。除此之外，滑道的设计没有修改。

改进方案

第10步 食品工厂

原本的设计中，主街区旁边设置了一家卖零食的小店，叫作食品工厂。这里能给饥肠辘辘的滑板玩家提供饮料、零食和新鲜出炉的食物。小店后面有卫生间。这个设施现在已经移动到了副街区，除此之外，还需要进行其他修改吗？

理想设计

雨水淋浴？

食品工厂的顶棚收集的雨水可以供滑板场使用，我们也许能够把这些雨水给大汗淋漓的玩家用来淋浴。不过这些雨水最重要的用途是冲滑板场内的马桶，剩下的雨水够不够淋浴使用呢？

解难题！

预计滑板场工作日会迎来200位玩家，而周末为750人。专家估计每位玩家在滑板场要去2次厕所，那么每年滑板场总共需要冲多少次马桶？

将这个数字与顶棚收集的雨水能够冲马桶的次数（见第101页）进行对比，看看收集的雨水够不够用。

翻到第172页，看看你算得对不对。

滑板和小轮车是能量消耗极大的运动，如果不吃点儿东西，没人能玩一整天。

菜单上有些什么好吃的？

食品工厂会向滑板场的玩家们提供美味的食物，这会让滑板场大受欢迎。但是食品工厂的食物也得能够给玩家提供合适的营养物质，不然他们无法消化食物、获得能量，也不能很快从滑板和小轮车运动造成的疲惫中恢复。

研究笔记

食物的营养成分可以分为几大类，主要包括：

· 碳水化合物

这类营养成分能够提供能量。土豆、米饭、面条和面包中含有丰富的碳水化合物。

· 蛋白质

这种成分能够帮助身体生长和自我修复。肉类、鱼、大豆、牛奶和鸡蛋可以提供蛋白质。

· 脂肪

这种营养成分能够提供能量，也能够帮助身体生长。最常见的脂肪来源是肉类和烹饪食物的食用油。

· 膳食纤维

这种营养成分可以帮助身体消化食物。谷物、某些面包、水果和蔬菜中含有丰富的膳食纤维。

· 维生素和矿物质

这些物质能让你的身体机能保持正常，辅助牙齿、骨骼、神经和大脑的生长发育。水果和蔬菜当中含有丰富的维生素和矿物质。

解难题!

为饥肠辘辘的滑板玩家和小轮车玩家设计一份菜单。

菜单需要包括：

· 四种零食，比如不同的水果或酸奶搭配什锦谷物；

· 四种简餐，比如三明治、汉堡或沙拉；

· 三种饮品。

饮品中不能含有气泡饮料，并且菜单中的食物要涵盖研究笔记中提到的所有类别的营养物质。

滑板和小轮车运动会让人饥肠辘辘，所以食品工厂会非常受欢迎。无论你是想喝一杯水或是吃一个顶级滑板™汉堡，这里都能满足你。

改进方案

世界上最棒的滑板场？

从碗池之城到马桶每年需要冲多少次，滑板场每个部分的设计都经过了仔细检查。我们也根据安全和环境专家、当地居民和工程师，以及滑板爱好者和小轮车爱好者提出的意见进行了修改。现在，设计终于完成了。

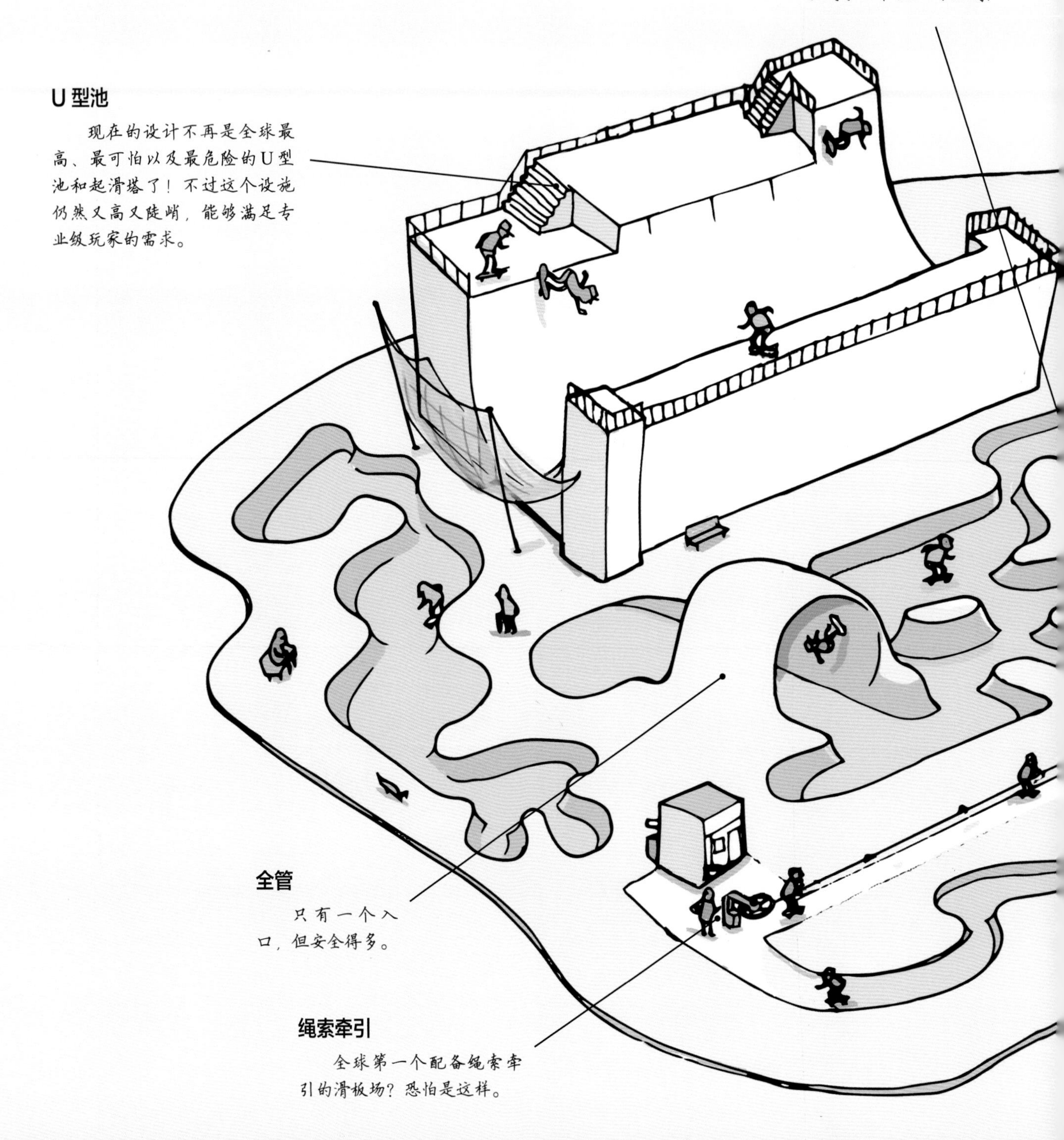

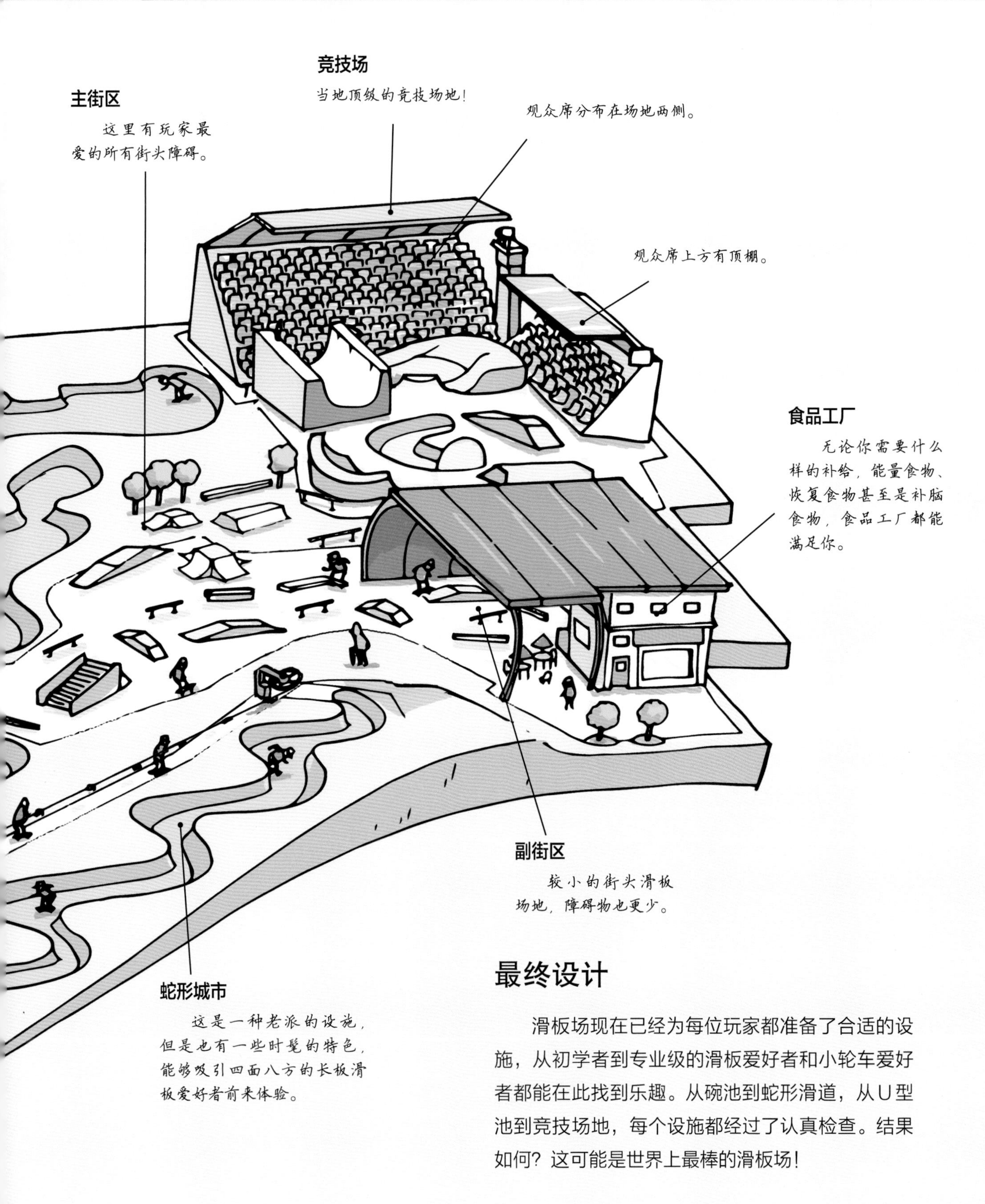

最终设计

滑板场现在已经为每位玩家都准备了合适的设施，从初学者到专业级的滑板爱好者和小轮车爱好者都能在此找到乐趣。从碗池到蛇形滑道，从U型池到竞技场地，每个设施都经过了认真检查。结果如何？这可能是世界上最棒的滑板场！

其他的顶级滑板场

本书当中的滑板场是很棒的设计，不过它还没有建成！如果你想去看看世界上已经建好的顶级滑板场，下面是经常出现在十佳名单上的一些滑板场：

上海 SMP 滑板公园

地点：中国上海

开放时间：2005年

你可以搜索SMP的官方网站去查看这个滑板场的布局图。你会发现这个滑板场的基本布局给了本书中的滑板场许多灵感。这是全球最大、最棒的滑板场之一。

科纳滑板场

地点：美国佛罗里达州

开放时间：1977年

据说这是全球历史最悠久的滑板场，科纳滑板场著名的蛇形滑道也是本书中蛇形滑道的灵感来源。

伍德沃德夏令营

地点：美国宾夕法尼亚州

开放时间：1970年

最早的伍德沃德夏令营位于宾夕法尼亚州，刚开始这里是体操训练夏令营，后来才增加了滑板、小轮车和其他体育运动。现在在美国各地有几处新的伍德沃德夏令营。2010年，中国北京的伍德沃德夏令营首次开放。

柏林的滑板大厅滑板场是在一座老旧的火车调车场上建造的，这里拥有全欧洲最棒的街头滑道。

神奇广场

地点：日本东京

开放时间：2011年

如果住在东京的滑板爱好者凌晨3点钟醒来，非常想滑上两圈，他们就可以来到这里满足自己的愿望。神奇广场全年无休，并且24小时开放。这里的设施齐全，配备了大型U型池和街头滑板场地。

滑板大厅

地点：德国柏林

开放时间：21世纪00年代中期

尽管滑板大厅的U型池很大，还有长达3米的墙道，这个滑板场仍然是初学者磨炼技巧的好地方。这里原本是一座老旧的火车调车场，现在它拥有全欧洲最棒的街头滑道。

黑珍珠

地点：开曼群岛

开放时间：2005年

黑珍珠是全球最大的滑板场之一，其中的设施能够满足每种滑板玩家的需求。如果你被加勒比的阳光晒得太热，只需要走几分钟，就能到海滩上凉快一下。

体育场

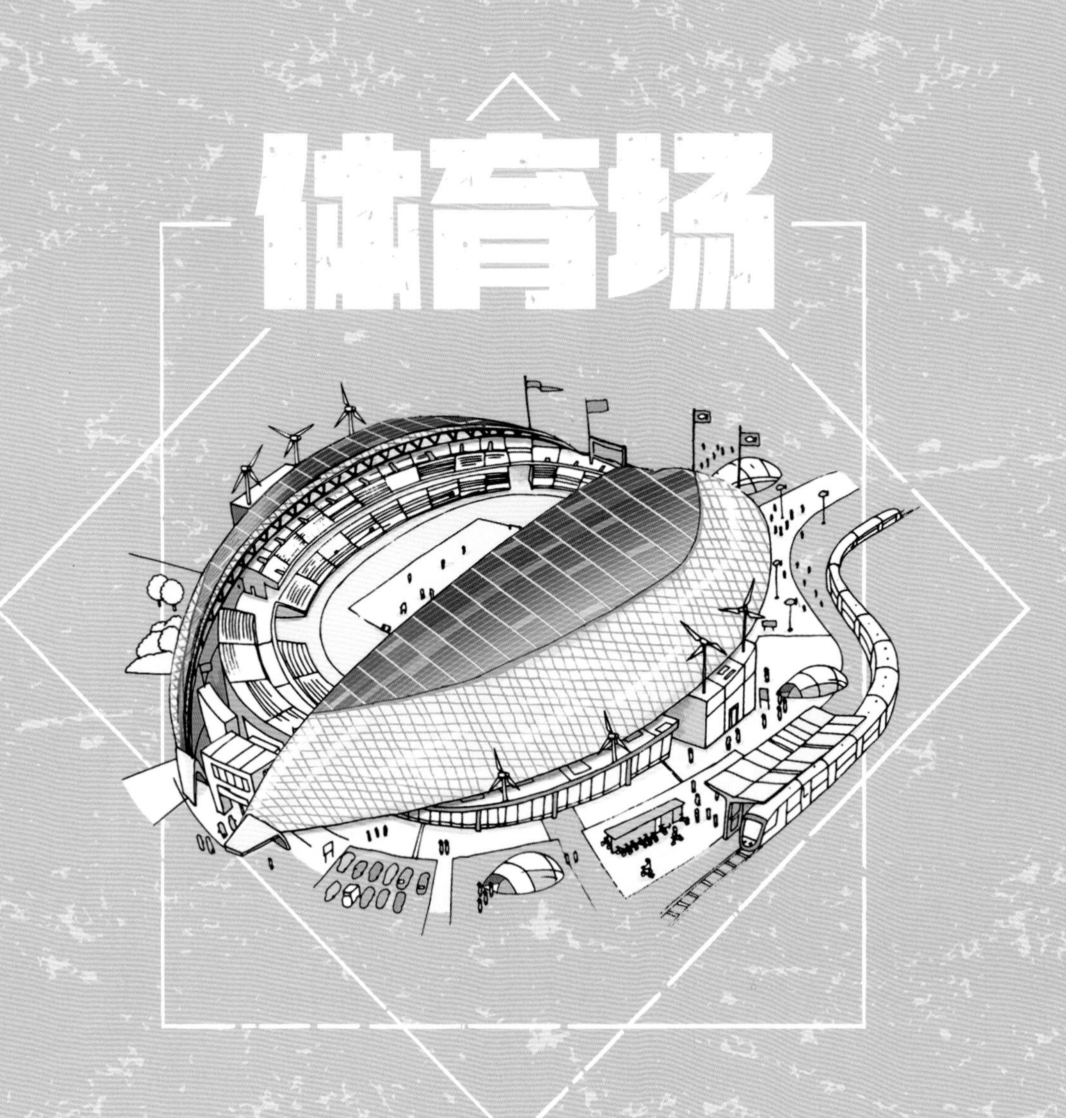

设计世界上最棒的体育场

假设你正在奥运会的现场，见证你支持的体育明星赢得金牌，或是打入一记冠军进球，又或是初次完成某个体操动作。在电视上看直播当然很棒，不过电视画面并不能让人真正感受到运动员的运动技术、速度和技巧。要想看到这些，你必须亲自来到现场！

在现场观看比赛比在电视机前看直播更加让人激动，特别是当你支持的队伍获胜时！

当然，在现场观看体育比赛也并不是没有缺点。比如说，前往体育场要耗费大量时间；有时候，想要看清楚球场上发生了什么都不太容易；看台上的座位往往并不舒服，而且排布过于密集（虽然在大冷天里和邻座的朋友挤在一起能暖和不少！）；去买食物、饮品或者上一趟厕所都会花很长时间，特别是因为排队而错过关键得分的精彩瞬间真的很让人沮丧。

假设，现在要请你来设计一个完美的体育场，它不会出现上面提到的任何一个问题，还可能拥有之前没有任何人想到的特色——准确地说，它可能会成为世界上最棒的体育场。

你要如何开始这项工作呢?

研究准备

首先，你需要做一些研究，了解顶级的体育场都是什么样的。

1. 问问朋友和家人，他们认为哪些体育场好，以及相应的理由。

2. 从书籍、杂志和互联网上搜集著名体育场的资料。

利用研究得到的素材，列一张顶级体育场需要具备的特点的清单，其中可能会包括如“外形美观”或“容易抵达”。在这张清单的基础上做一份调查问卷，看看调查对象认为一个体育场中最重要的是什么。第117页上有一个调查问卷的样本。

研究笔记

擅长借助互联网做研究的人，会用不同的关键字组合进行搜索，比如：

- 世界上最好的体育场
- 著名+体育+场馆
- 设计体育场

他们也会用不止一种搜索引擎。你可以试着用不同的搜索引擎搜索同一组关键词，就会知道这是不是一个好方法了。两边搜索出的结果是否一致呢?

建筑师扎哈·哈德迪设计的英国伦敦水上运动中心的屋顶看上去就像一个巨大的波浪，2012年伦敦奥运会的游泳和跳水比赛都是在这里举行的。

位于中国北京的国家体育场是专门为2008年的北京奥运会修建的。由于外形独特，人们也称它为“鸟巢”。

如何成就一个完美的体育场？

作为一个设计师，想要了解“怎样的体育场才算好”的办法之一，就是直接问那些会去体育场的人！通过对使用者进行问卷调查，你就能了解他们的想法。下面一页就有这样一份使用者调查问卷的样本，它也许能给你的设计带来一些帮助。

设计概要

本书中要设计的体育场总共会有40 000个座位。这个体育场是为北港竞技队建造的。这是电信业大亨特蕾西 · 克拉克尔刚刚买下的一支足球队，她很小的时候就是北港竞技队的球迷。这个体育场将建在一处老旧、已关停的码头旁。特蕾西希望这个体育场能够成为北港市重要的组成部分，除了足球赛，也能够举办其他体育赛事。并且，她还要在这里修建一座商场。

研究笔记

通过之前的研究，你能够确定调查问卷中应该设置什么问题。

比如，在研究中，你会发现有些体育场是完全露天的，有些则有遮挡的顶棚。所以你可以在问卷中询问：你更喜欢有顶棚的体育场还是露天体育场？

在市中心区域找到用于修建新体育场的地块总是非常困难的，而老旧的码头区往往能够提供不错的建设用地。

调查结果

样本数量：1 000人

样本来源：社交网络，包括温布利体育场、新洋基体育场和马拉卡纳体育场的关注者

分布地点：各个地方，包括英国伦敦、美国纽约和巴西里约热内卢

年龄：14岁以上

1 你的年龄？

a）14～17岁 92
b）18～45岁 431
c）46～65岁 358
d）66岁及以上 119

2 你是否行动不便，需要使用轮椅？

a）是 32
b）否 968

3 你通常如何前往体育场？

a）开车 603
b）乘轨道交通或公交车 302
c）步行或骑自行车 95

4 如果第3题选择了a选项，你会在什么情况下使用公共交通前往体育场？

a）公共交通可以直达体育场 87
b）公共交通可以直达体育场，且比较快捷 203
c）公共交通可以直达体育场，且快捷又便宜 313

5 你认为体育场外观令人印象深刻有多重要？

a）非常重要 788
b）比较重要 197
c）不重要 15

6 你最认同下面哪种说法？

a）座位上方要有顶棚，以防出现坏天气 540
b）天气不好时，露天观看比赛也是一种乐趣 387
c）有没有顶棚都挺好 73

7 以下哪些因素会影响你观看比赛的体验？（可以多选）

a）体育场内可以买到美味的食物和饮品 833
b）卫生间等设施齐备 698
c）可以真正近距离地看到场上的运动员 620
d）到达和离开体育场的速度快 720
e）座位舒适、宽敞，并且有软垫 801
f）在任何座位都能够看到整个球场 1000

所有的体育场都要给使用轮椅的观众提供能够观看比赛的位置。

下雨的时候，只有一半的观众不会淋雨！

第1步 画出理想设计图

经过之前的研究准备和使用者问卷调查，任何一个设计师都会产生很多设计想法！现在，是时候画一张理想设计图出来了。这是一个让你画出理想中最棒的体育场的机会。这个理想设计可能不会跟最终的方案一模一样，设计的每个部分都要在最终确认前经过反复考量。

体育场都有一个共性问题，就是它们的闲置率比较高。而我们要设计的体育场在这方面与众不同，这里会举办各种各样的体育赛事，而不单单是足球比赛。当体育场没有比赛的时候，其他商业设施也会吸引游客前来。这里将是集咖啡厅、餐厅、商场和体育中心于一体的综合性场所。

更宽敞舒适的座椅

扶手上装有软垫的宽阔座椅比一般的体育场座位更舒适。扶手中安装了折叠的触摸屏，体育迷可以展开屏幕来看比赛回放，或给裁判员的判罚打分。

可伸缩的房顶

天气不好的时候，体育场的顶棚能够为观众遮挡风和雨雪。

大门

体育场有两个大门，每个大门设置20个出入口，观众能够快速进出体育场。

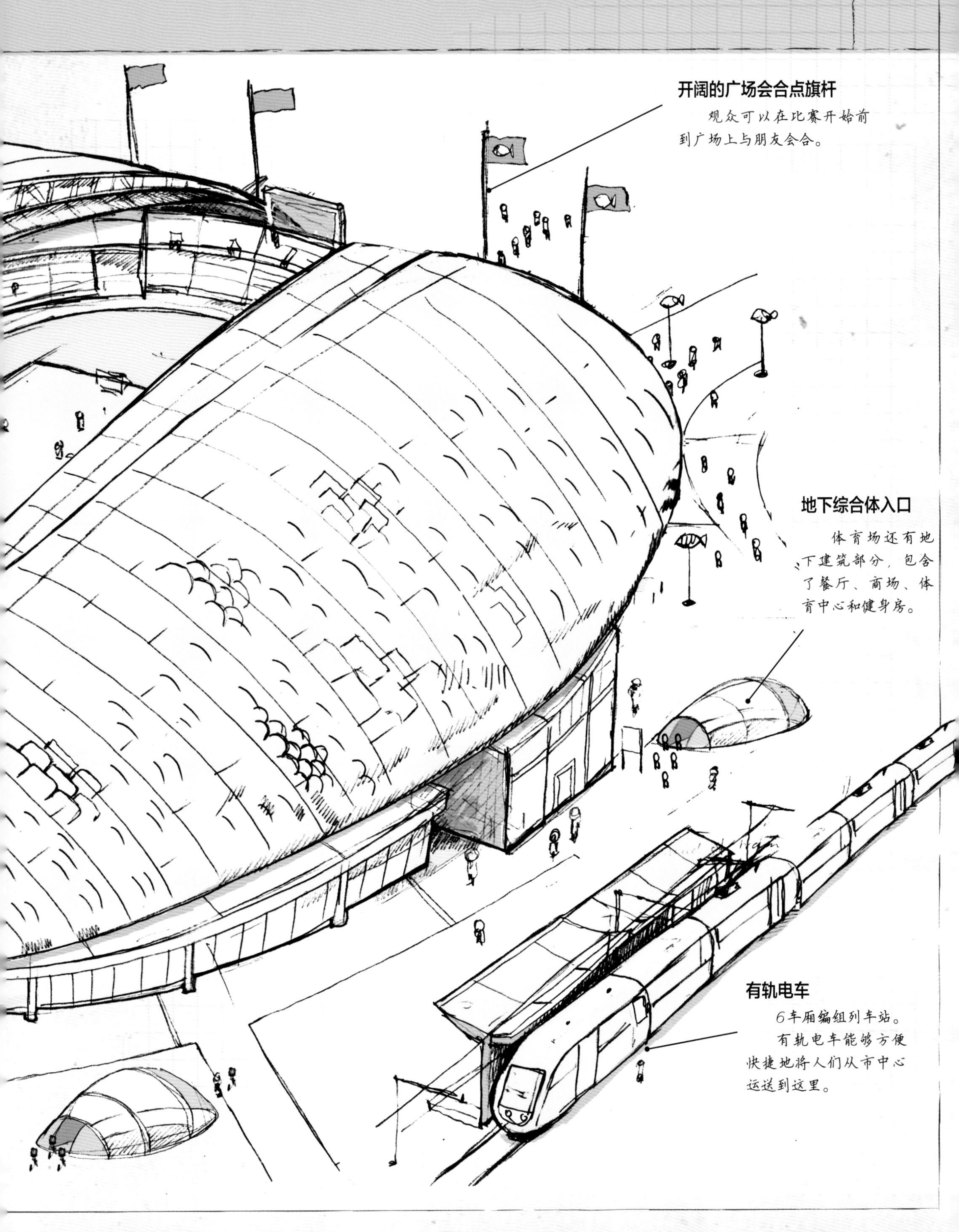
开阔的广场会合点旗杆
观众可以在比赛开始前到广场上与朋友会合。
地下综合体入口
体育场还有地下建筑部分，包含了餐厅、商场、体育中心和健身房。
有轨电车
6车厢编组列车站。
有轨电车能够方便快捷地将人们从市中心运送到这里。

第2步 让体育馆像鱼一样银光闪闪

体育场的设计要致敬北港市历史悠久的渔业。一个世纪以前，无数吨叫作鲱鱼的小鱼从这里被带上岸。这个体育场会让人们想起鲱鱼的形状和它泛着银光的背部。

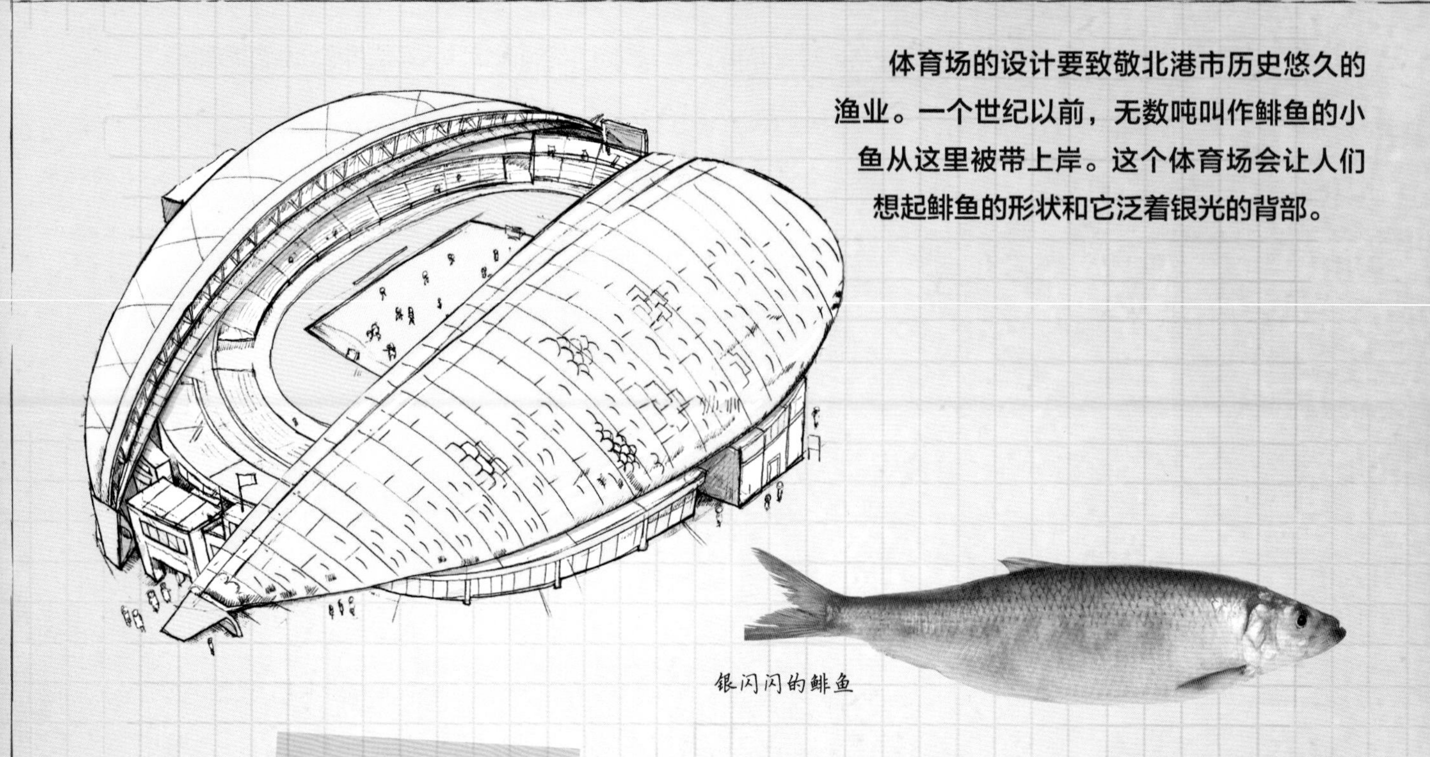

银闪闪的鲱鱼

研究笔记

鲱鱼有个别称，叫作“大海中的银子”。鲱鱼的两个特点让它得此盛名：银色的体色和它的经济价值。16世纪初，由于鲱鱼巨大的经济价值，荷兰人专门组建了一整支海军来为鲱鱼的捕鱼船护航。鲱鱼如今仍然具有经济价值（也仍然会引起争端）。

解难题!

亿万富翁特蕾西·克拉克尔愿意花大价钱修建体育场。她的预算大约是3.5亿英镑，包括以下三个部分的建设：

· 55%用于建造体育场

· 35%用于建造商场等商业设施

· 10%用于建造广场、道路、有轨电车站和轨道等

每个部分的建设预算分别是多少钱呢？（翻到第173页，看看你算得对不对。）

设计挑战

使用者调查问卷显示，1 000个被调查者当中，有788人认为体育场的外观非常重要。这就给设计工作带来了一定的挑战。要让体育馆外墙看上去像鲱鱼的背部，也就是要像鲱鱼的鱼鳞一样银光闪闪。你需要首先了解一下这是否可行。

解难题!

要把建筑的外观做得跟鱼鳞一样银光闪闪是否可行呢?

你可以上网用以下关键词搜索图片:

· 闪光+建筑

· 银色+建筑

· 鱼鳞建筑

你也可以去公共图书馆找一找一名叫作弗兰克·盖里的建筑师的信息。盖里闻名于世的一个原因就是他从自己母亲养在浴缸里的鱼身上获得了许多设计灵感!

最终设计

最终设计中，体育场外墙会铺上一层金属板，就像弗兰克·盖里设计的著名建筑一样。这些金属板会排列成鱼鳞的样子。

解难题!

需要多少块金属板才能将体育场的外墙全部覆盖?

体育场的外墙是对称的两个部分，每个部分的长为276米，面积为30 788平方米。金属板是正方形，每块正方形边长为1米。这些金属板需要一块压一块地铺设，两侧各压0.1米。

要计算出需要多少块金属板，可以先算出每块金属板暴露在外面的面积，然后用体育场外墙的总面积除以这个数字。别忘了体育场外墙有两个部分。

翻到第173页，看看你算得对不对。

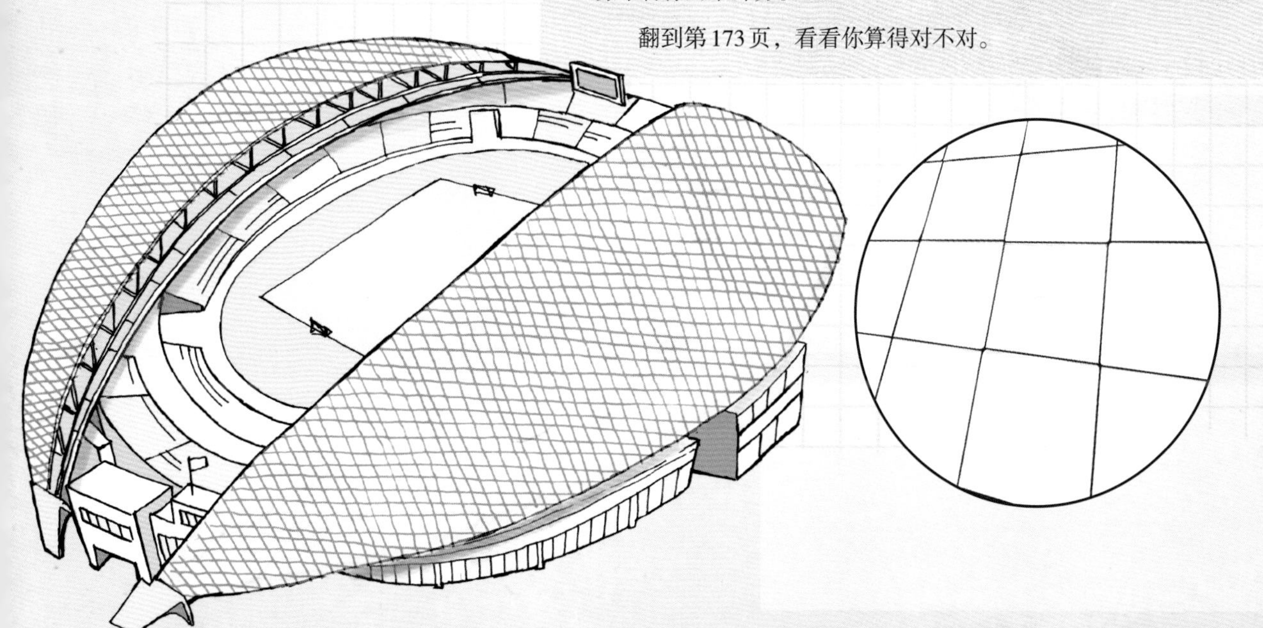

第3步 确认屋顶功能完善

理想设计中，体育场使用的是可伸缩的顶棚。天气不好的时候，顶棚能够滑出来遮风挡雨。不过大多数时候，体育场的顶棚是收起来的，体育比赛都在露天场地进行。这样的屋顶设计价格不菲，所以你要做的第一件事情就是判断这是不是个好方案。

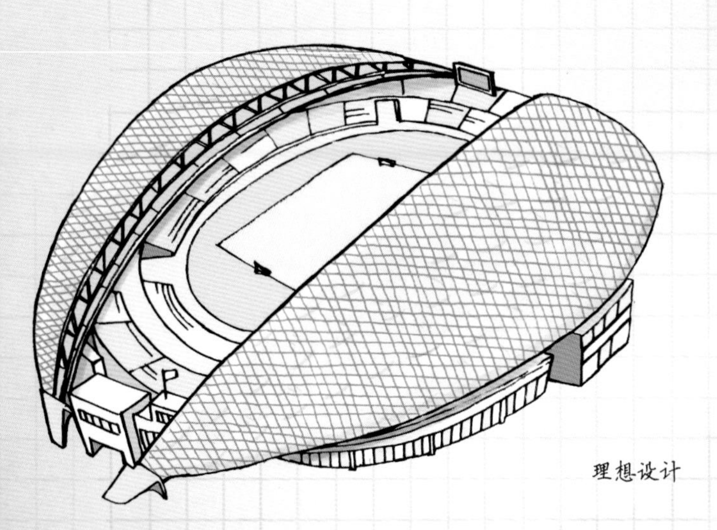
理想设计

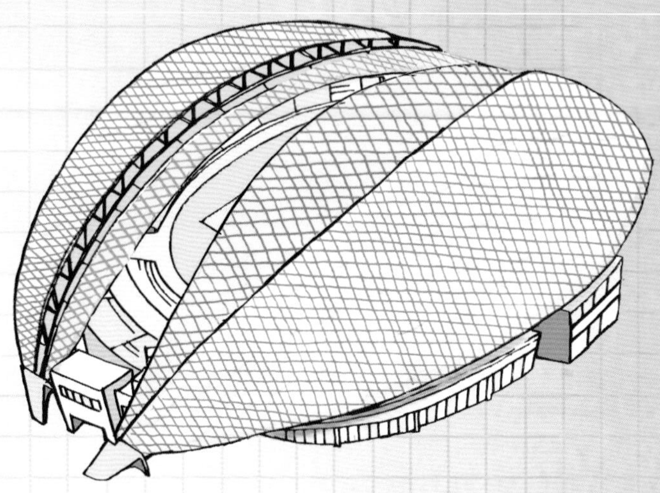

解难题！

翻回到第117页的使用者调查问卷，利用调查结果计算出有百分之多少的被调查者认为有遮挡的座位对于顶级体育场非常重要。

只要将认为遮挡棚重要的人数除以参加问卷调查的总人数，再乘以100就可以得到百分数了。

翻到第173页，看看你算得对不对。

研究当地气候

使用者调查问卷显示，大多数人都希望在天气不好的时候，体育场能有东西遮风挡雨，但是当地真的会出现坏天气吗？下面，你需要研究一下当地气候如何。

研究笔记

体育场位于北方临海的地区，这一地区会出现多种不同的天气：

月份	平均温度（摄氏度）	平均降水量（毫米）	平均日照时间（小时）	平均风速（千米/时）
12月	5	61	3	15
3月	5	49	6	13
6月	12	51	9	15
9月	12	47	6	15

全年中，不同时间可能会出现大风、阴雨、大晴天，甚至下雪等不同的天气。

选择屋顶

从当地的天气状况来看，有屋顶的确是好方案。可伸缩的屋顶主要有两种形式可供选择：

1. 能够将露天体育场变成室内空间，同时可以控制温度等环境条件的屋顶。

2. 只能提供遮挡效果的屋顶。

调查结果显示，大多数球迷都希望体育场有遮风挡雨的设施。不过很多人也喜欢户外的感觉。所以“顶棚”式的屋顶能同时被这两个人群接受。

温布尔登中心球场的可伸缩屋顶让网球比赛在下雨的时候也能正常进行。

解难题!

利用研究笔记中的信息，思考坚硬的屋顶和可以弯曲的屋顶哪个更好。（提示：问题的关键是，屋顶是否能够在当地的典型天气环境中开合自如。）

翻到第173页，看看你的想法对不对。

研究笔记

波兰华沙国家体育场

这个体育场的可伸缩屋顶的主要材质是编织物，当几乎没有风、气温超过5℃、不下雨的时候可以顺畅地开合。

美国西雅图萨菲科球场

萨菲科球场的屋顶是坚硬的，像一把伞一样，能够提供遮挡，同时也能够让外面的空气进来。

最终设计

最终设计采用的是坚硬的可伸缩屋顶，和理想设计中完全一样。

轻盈的编织物做成的屋顶虽然造价更低，但是并不适合当地的天气条件。

隐蔽的排水槽可以让雨水流走。

雨水可用于给体育场卫生间的马桶冲水。

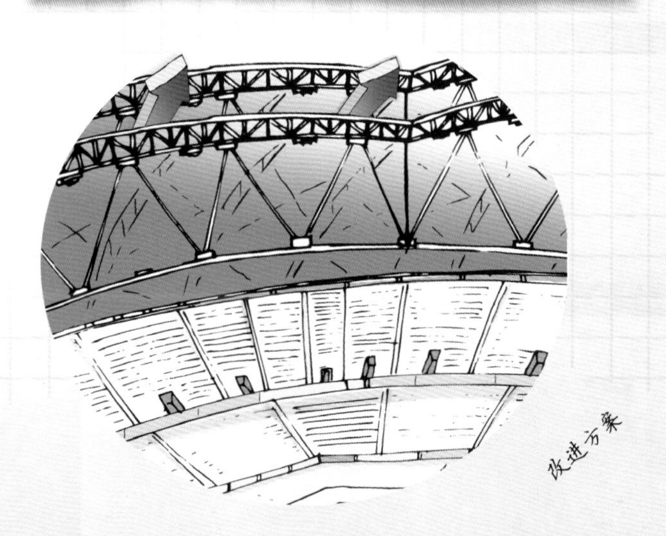

第4步 检查比赛场地地面

原本的设计当中，体育场的比赛场地表面铺设了草坪。比赛场地要用于举办几种不同的体育赛事。可能会出现同一周，周三是曲棍球比赛，周六是橄榄球比赛，周日是足球比赛的情况。

举办不同的体育比赛意味着体育场总是熙熙攘攘的。会有很多人来到体育场，它将是城市中人们会面的重要地点。这正是特蕾西·克拉克尔希望的结果。不过这也给设计者带来了难题。

你愿意在这样坑坑洼洼的球场上比赛吗？北港竞技队优秀的足球运动员们当然也是不愿意的！

设计挑战

某些体育比赛会对场地地面造成伤害。比如周六的橄榄球比赛结束后，场地的地面会变得坑坑洼洼。大多数场地的地面需要一周才能恢复。但是这个体育场第二天就要继续进行足球比赛。你得想办法让地面快速恢复。或许研究工作能有所帮助?

研究笔记

加尔勒球场（荷兰，阿纳姆）

这座球场于1996年开放，是欧洲第一座配备了可轮替场地的足球场。举办演唱会时，球场的草坪能够卷起来，露出下面的硬质场地。

菲尼克斯大学体育场（美国，亚利桑那州）

草坪场地放在一个巨大的托盘上面。大多数时候草坪场地放在场外的阳光下，当体育场举行比赛的时候，托盘就会通过轨道被推进场内。

札幌巨蛋（日本，札幌）

札幌巨蛋体育场内有两个比赛场地。棒球比赛在人工草坪场地上举行，当需要举行足球赛的时候，就会把观众座位挪开，将放在外面的草坪场地搬进来。这块草坪场地通过气压浮升的方式运送到场内，有点类似于气垫船（不妨到网上找个视频看看草坪是如何运进来的）。

札幌巨蛋

解难题!

你需要判断一下世界上其他体育场的设施能否解决北港体育场的场地问题。看一看第124页上的研究笔记，其中提到的三个体育场也许能给你一些灵感。翻到第173页，验证你的想法。

最终设计

最终设计采用了札幌巨蛋的做法，也就是准备两块比赛场地。当比赛不需要用到草坪时，可以用气压浮升系统把草坪场地运走，露出下面的人工草坪。

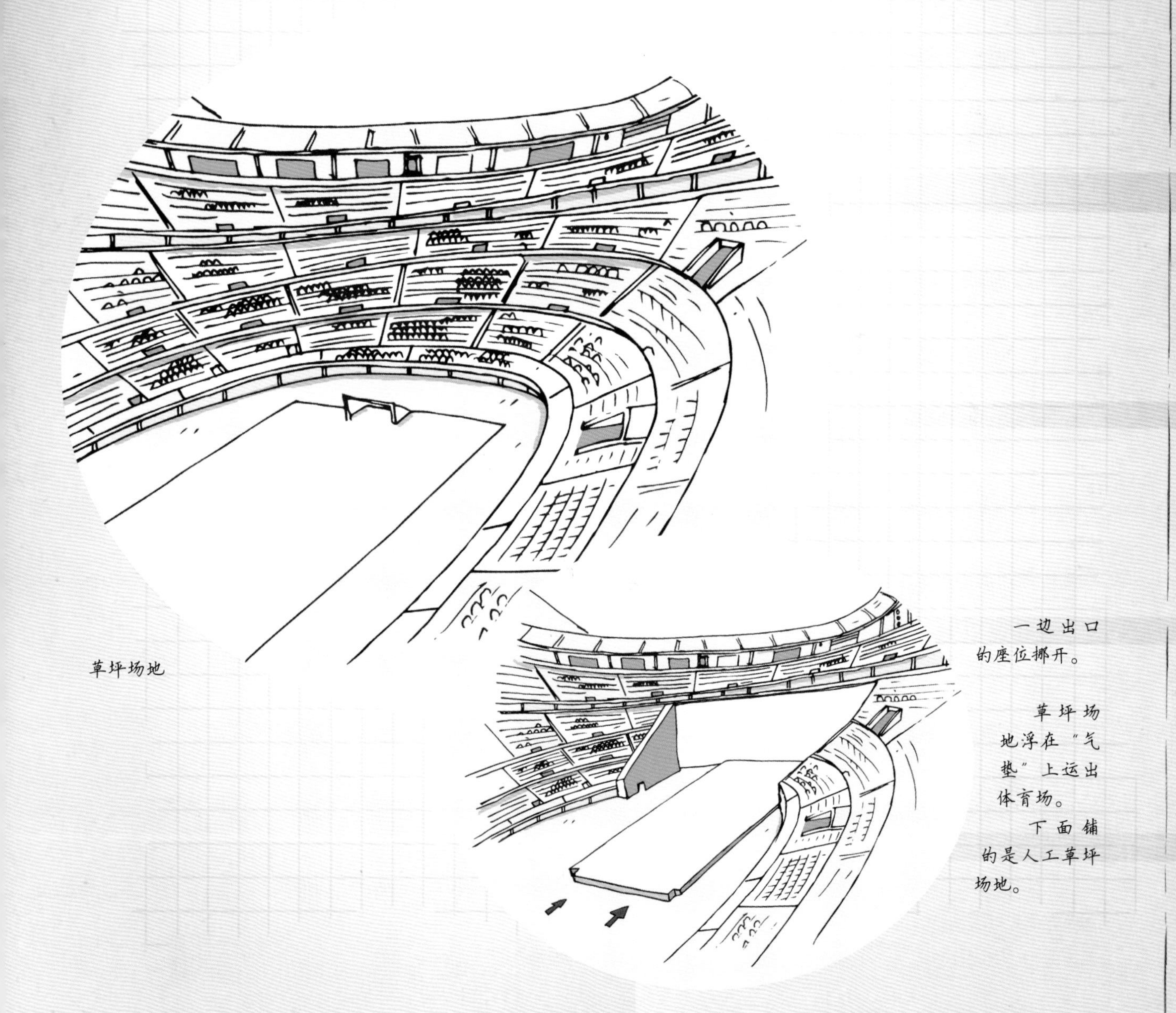

第5步 周边交通设施

体育场设计师面临的最大挑战跟设计体育场本身不相关。真正的挑战在于，如何让人们快速进入和离开体育场。

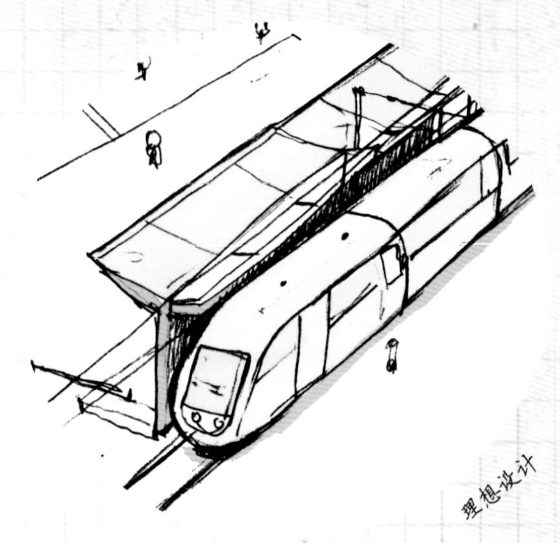

有轨电车车站的空间足够容纳6节车厢的列车。

使用者问卷调查结果表明，超过70%的被调查者认为快速到达和离开体育场非常重要。如果一场比赛门票销售一空，那么体育场将迎来40 000名球迷，更不要说体育场中还有许多工作人员。体育场周边的交通设施是否足够便捷呢?

体育场只有600个停车位，这些停车位主要提供给员工、球员和残障人士使用。大多数人需要骑自行车或搭乘有轨电车来到体育场。北港市中只有约2%的出行是通过自行车完成的，也就是说大约只有1 000人会骑车前来，剩下的大约39 000名观众都要乘有轨电车。有轨电车的发车间隔为3分钟，6列车厢编组的电车能够容纳500人。

你需要计算出每隔3分钟发送一列6车厢的有轨电车，是否能够满足交通需求。

研究笔记

研究表明，所有的球迷不会在同一时间抵达体育场。抵达体育场的高峰期出现在比赛开场前1小时到开场前15分钟。大约有70%的球迷会在这一时间抵达球场。

- 15%的观众开场前60～45分钟抵达
- 30%的观众开场前44～30分钟抵达
- 25%的观众开场前29～15分钟抵达

德国杜塞尔多夫市中的这种有轨电车是在市中心出行的好办法。

解难题!

需要多少趟有轨电车?

通过有轨电车到达体育场的观众数量为39 000人。根据研究笔记，其中70%（27 300人）会在45分钟的时长内陆续抵达。你需要计算出在3个15分钟时段内分别有多少人抵达。有轨电车每隔3分钟抵达一列，只要用每个15分钟时段抵达的人数除以5，就可以知道需要每隔3分钟运送多少观众。

距离开场剩余时间	到达比例	到达人数	每隔3分钟到达人数
60 ~ 45分钟	15%	5 850	
44 ~ 30分钟	30%		
29 ~ 15分钟	25%		

有轨电车的运载上限是每3分钟500人。有轨电车的数量够吗?

翻到第173页，看看你算得对不对。

研究笔记

· 有轨电车

适用于城市内繁华地点之间的短途出行。

一般3车厢编组的列车最多搭乘250名乘客。

· 轨道列车

适用于需要出市区的较远出行。

能够运送大量乘客，加装车厢方便。

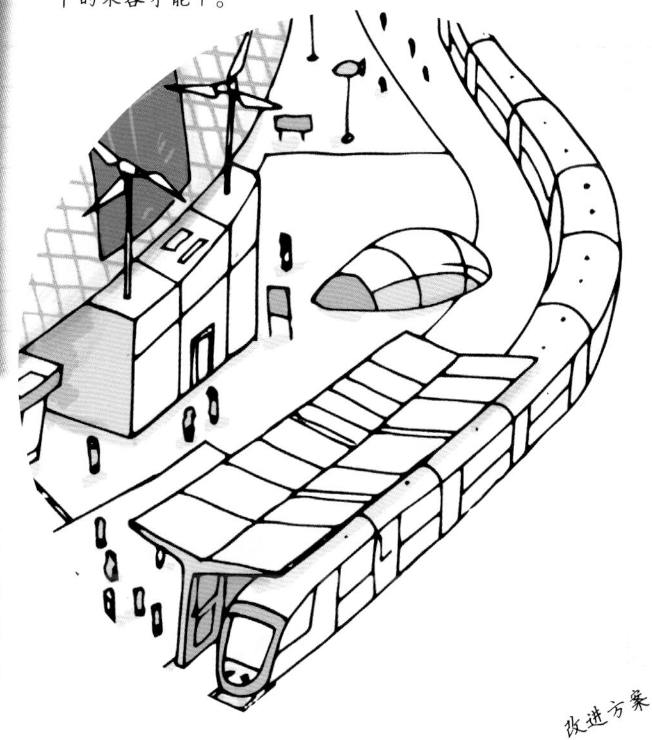

最终设计

计算结果表明，有轨电车不可能运送如此庞大数量的乘客。所以在最终设计中，有轨电车被替换为轨道列车。大多数时候轨道列车只有2～3节车厢，但是到了热门比赛当天，可以通过使用加长列车满足客流需求。

第6步 地下商场

除了丰富多彩的体育赛事之外，体育场当中还有其他设施能够吸引人们前来。这个体育场会配备健身房和游泳馆，广场地下还会建一个商场。特蕾西·克拉克尔会将这里出租给具有运营大型商场经验的公司，出租所得资金再投入到体育场的运营中。

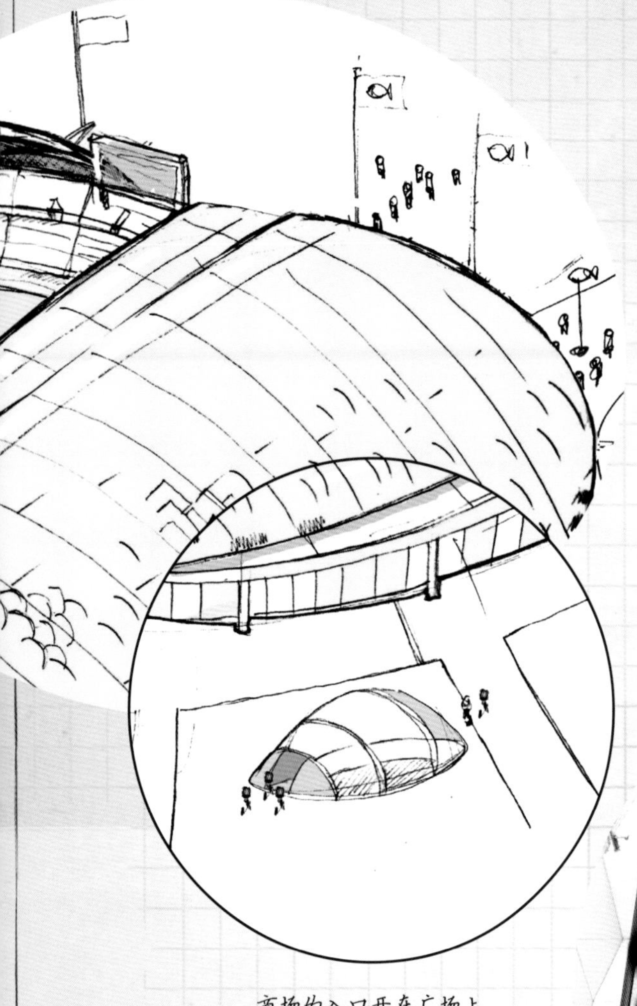

商场的入口开在广场上

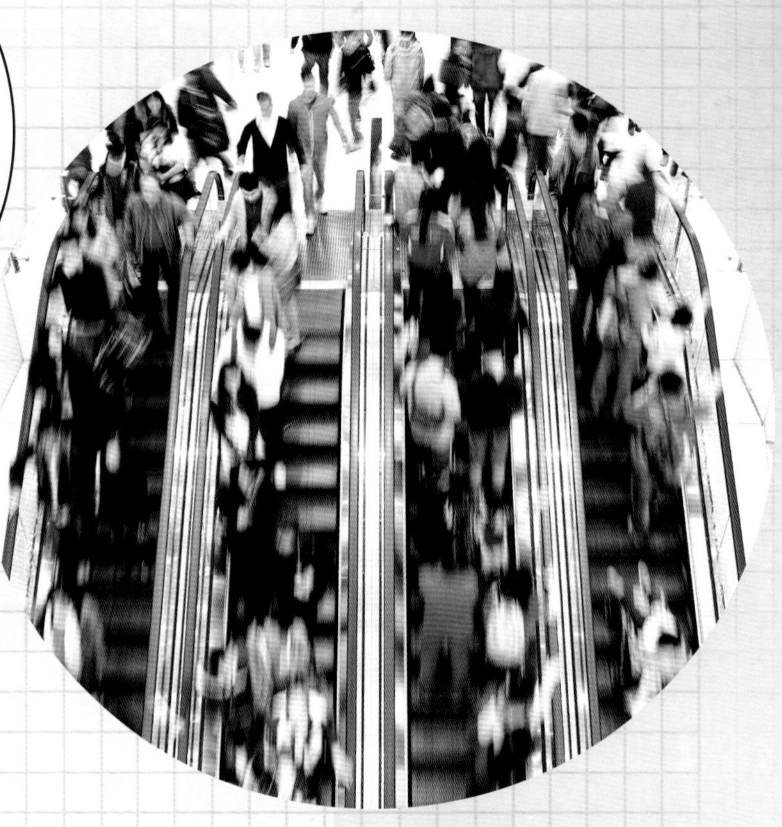

哪种扶梯能够运送更多人，是人们能够走动的扶梯，还是所有人都站着不动的扶梯？

设计挑战

商场本身交由另一个专门设计商场的设计师负责，所以你不需要担心商场本身的设计。但是购物者要利用设置在广场上的扶梯进入商场。你的工作是确保扶梯能够乘载足够多的人。否则，广场上就会挤满了想进入商场的购物者。

研究笔记

伦敦地铁拥有世界上最繁忙的扶梯之一。不想行走的人可以站在扶梯的右侧，而左侧的空间则留给想要走动起来、更快地通过扶梯的人。这是运送乘客的最快方式。

至少，之前所有人都是这样认为的。

但在2015年，一个实验表明，如果一部分人可以走动，扶梯每分钟可以运送81人；而如果所有人都站着不动，扶梯每分钟可以运送113人。之所以会这样，原因在于如果大家都站着不动，扶梯上就能容纳更多人。

“不要走动”

研究笔记表明，当扶梯上的人流量很大的时候，应该打出“不要走动”的提示标志。这样能让扶梯的运输能力增加约40%。但是计算机控制系统应该什么时候将标志打开呢?

要了解这个问题，你需要计算出正常情况下扶梯每分钟能够运送多少乘客。如果车站每分钟到达的人数超过这个数字，控制系统就应该打开提示标志。

解难题!

每个出入口都设置了两个上行扶梯和两个下行扶梯。由于左侧空出来给想要步行的乘客，每个扶梯每分钟可以运送63人。计算出所有扶梯每分钟总共能运送多少人，这个数字能够帮助你确定何时打开“不要走动”的标志。

翻到第173页，看看你算得对不对。

改进方案

最终设计

最终设计和原本的设计一模一样（这种情况并不常见！）。商场有4个出入口，每个出入口配备2个上行扶梯和2个下行扶梯。

第7步 提供食物和饮品

原本的体育场设计中没有预留售卖食物和饮品的地方。这样做的原因是，我们预计人们都会在饭后来体育场。他们可以在商场内的餐厅或外卖窗口购买食物。但这个决定是否正确呢？如果不正确，我们要怎样修改设计呢？

回顾使用者调查问卷

使用者调查问卷在这个问题上大有帮助。问卷调查的参与者有1 000人，其中833人都希望能够在体育场内买到美味的食物和饮品。事实上，这是体育场中最重要的三个方面之一。食物和饮品的重要性甚至高于舒适的座位。

所以，体育场内必须要提供食物和饮品。但是如果在设计中增加大量厨房和餐厅，它们只会在比赛日使用，其他时候这些空间毫无用处，也是一种浪费。

我们需要找到一种方式，既能够给观众提供饮食，也不需要在场馆内建造很多厨房和餐厅。

研究笔记

在印度的孟买，人们会用“达巴瓦拉”派送食物。达巴瓦拉从制作食物的地点装好刚出炉的餐食，将它们带到收集点，然后根据目的地将餐食进行分类，并运送到城市的其他地点。最后，另一个达巴瓦拉负责将食物送到目的地。

最终设计

体育场将会使用类似于达巴瓦拉的系统把食物派送到球迷手上。身穿黄色夹克衫的工作人员会在看台中上下穿梭，搜集订单。这些订单会连同座位号一起，通过网络传到厨房中。另一组身穿红色夹克衫的工作人员则会将厨房送来的食物交到订购它们的球迷手上。

解难题！

为体育场提供的食物设计一份菜单（和两三个朋友一起完成这份工作会很有意思）。

这个设计挑战并没有标准答案，但是你的菜单需要包括以下内容：

- 4种热食，其中要有一种素食
- 3种冷食，其中也要有一种素食
- 3种不同的饮品

试着让你的菜单得到大多数人的喜欢。记住，菜单上的所有食物都要方便在看比赛的同时食用。比如热汤可能不是什么好主意，但热的馅饼就好多了。

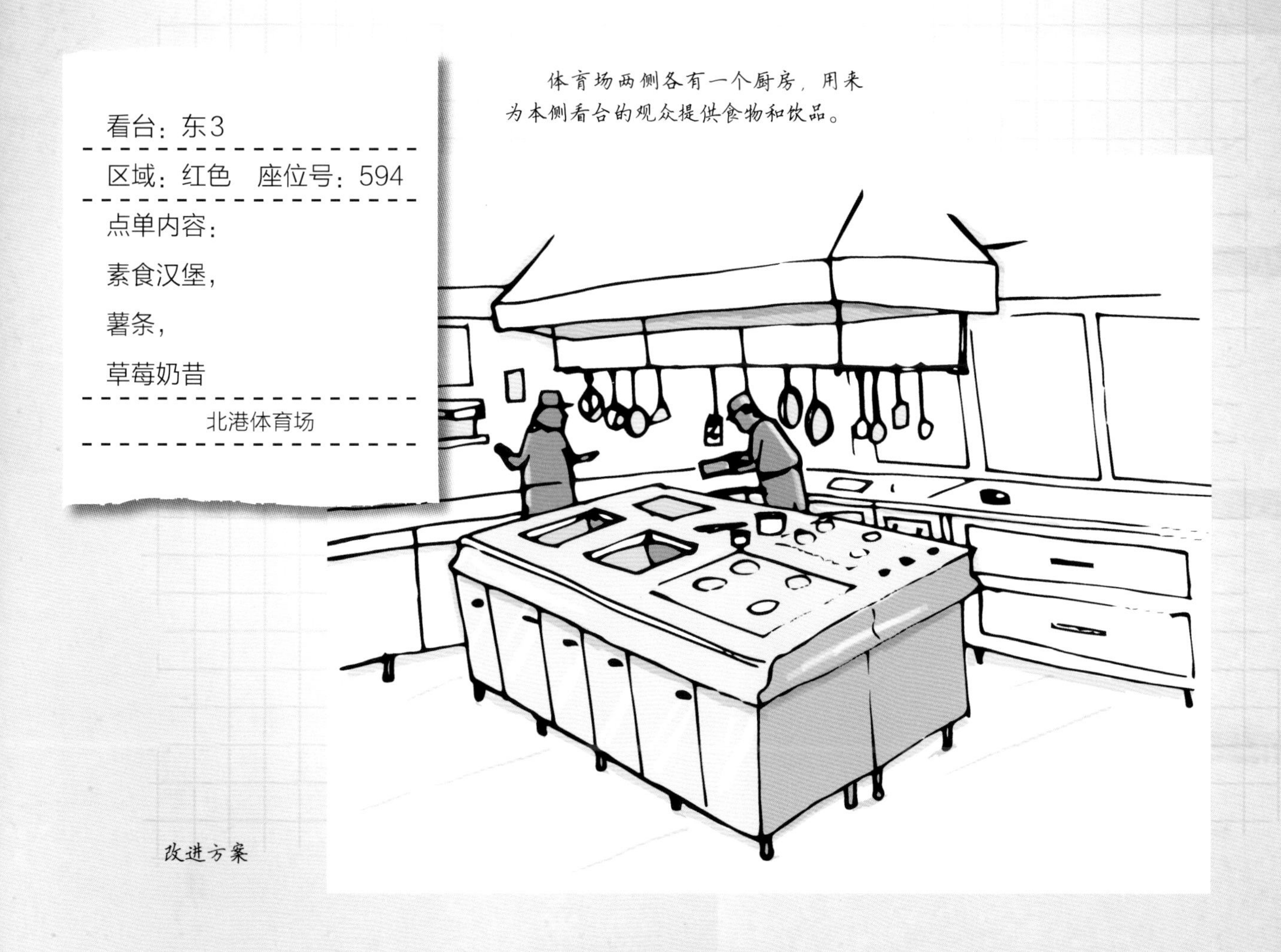

体育场两侧各有一个厨房，用来为本侧看台的观众提供食物和饮品。

第8步 适合所有人的座位

理想设计中使用的座椅绝对堪称梦幻之作！它们就像飞机商务舱中的座椅一样，宽敞又柔软。座椅的扶手中还有一块触摸屏。观众可以把屏幕拉出来回放比赛片段，切换视角，甚至给裁判员打分。

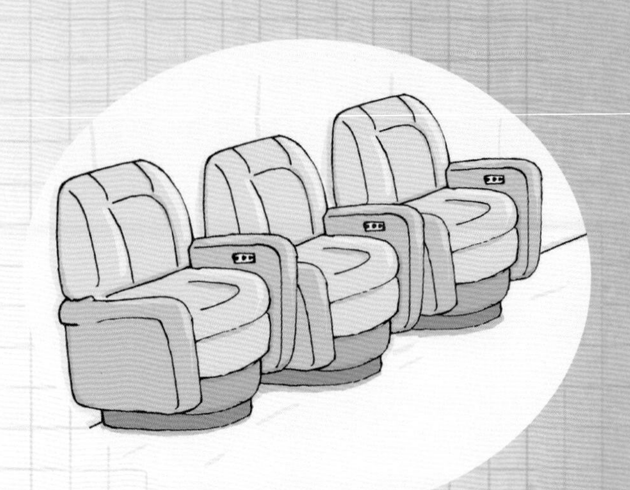

理想设计

大问题

这种梦幻座椅有个大问题——它们太昂贵了。飞机上的商务舱每个座椅的成本超过20 000英镑，而且要花3年时间才能设计出来。（头等舱的座椅更加昂贵，有些座椅有2 000个不同的零部件，成本高达34万英镑。）

20 000 × 40 000 = 8亿英镑

即便对于亿万富翁来说，在座椅上投入8亿英镑也不是一个小数字。况且，这个数字是整个体育场预算的两倍多，所以座椅的支出必须削减。下一项工作就是设计舒适且便宜得多的座椅。

飞机商务舱的座椅一般宽55厘米。

研究笔记

欧洲所有的体育场，除了安装普通座椅以外，还都为前来观看比赛的残障人士准备了“易达座位”。一个体育场需要配备的易达座位的数量是有明确规定的。对于容纳40 000名或更多观众的体育场来说，体育场应该配备210个易达座位（超过40 000名观众的体育场，每增加1 000名观众，就要增加2个易达座位）。

一个名为“公平赛场”的组织会为体育场设计师等人员提供相关信息。

解难题!

画出另一种座椅设计，上面要标注出座椅的宽和高。你需要记住：

1．人们喜欢宽阔、柔软又舒适的座椅。

2．大多数体育场的座位宽度为43厘米，高度为41～44厘米。（也有特别不一样的：伦敦温布利体育场中的座位特别大，有50厘米宽、80厘米高。）

3．座位要能够折叠收起，这样人们就能够在两排座位中间轻松穿行了。

首先上网搜索一下不同座椅设计的图片。用“体育场座椅”为关键词搜索，就能找到很多图片。

最终设计

最终设计使用的座椅的高度和宽度与温布利体育场中的一样，同时也垫了软垫。由于加了软垫，这些座椅的造价更高，但也比大多数体育场的座位更舒适。每个座位成本是53.5英镑，总成本是214万英镑。和原本的设计相比，座椅费用节省了797 860 000英镑！

经济舱座椅宽度：43厘米

新设计软座椅
宽度：50厘米

比经济舱座椅宽敞多了！

改进方案

第9步 电力供应

体育场需要大量电力，尤其是配备了可轮替草坪场地和可伸缩屋顶的体育场。体育场还需要电力让泛光灯给夜间比赛提供照明。和所有大型建筑一样，体育场的照明、取暖、冷气、计算机和清洁设施等都依赖电力。

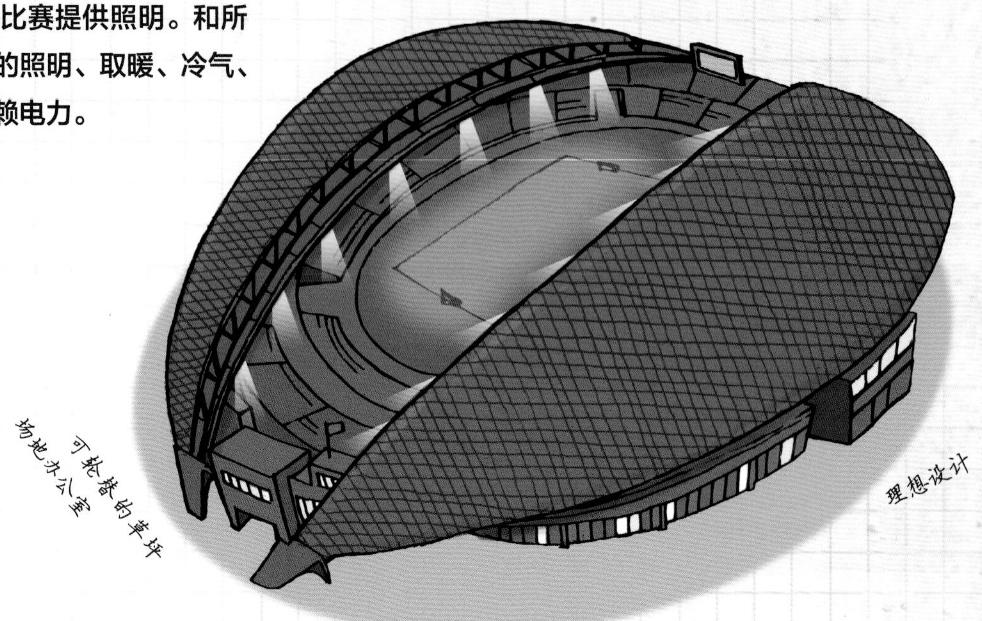

赛事众多的体育场会消耗大量能源，而如何为体育场供能会对环境有巨大影响。

电力问题

需要大量能源带来的问题主要有两个：一是成本太高，二是可能会对环境产生不利影响。英国大多数电力都是燃烧煤炭的火力发电厂生产的。燃烧煤炭会释放大量CO_2气体，这是导致全球变暖现象的气体之一。

解决这些问题的一种方法是使用不燃烧煤炭的发电厂提供的电力。但这可行吗?

研究笔记

可再生能源是指取之不尽、用之不竭的能源，包括：

太阳能来自太阳，阳光越多，产生的电力就越多。

水能是靠河流、潮汐等流动的水产生电力。

风能是靠风力发电，风速达到12千米/时以上，涡轮机就能够开始工作发电。

地热能是利用地球内部的热能发电。

生物质能是利用死去的生物的遗骸发电。

解难题!

回顾第122页上关于天气的研究笔记，再读一读第134页的研究笔记。

有没有哪些可再生能源是可以用来给体育场供电的呢？翻到第173页，看看你的想法对不对。

设计灵感！美国的林肯金融球场上建了风力发电机，并安装了太阳能电池板来为球场供电。

最终设计

最终设计将会融入两个新的能源供应特征。第一，体育场外墙部分“鱼鳞”会换成太阳能电池板，这些太阳能电池板能够将阳光转化为电力，为体育场的办公室和更衣室提供电力。

第二，体育场还会沿着两个长边安装风力发电机。当地一般刮东北风，这些风力发电机就能够充分发挥作用，全年日夜不停地产生电力。

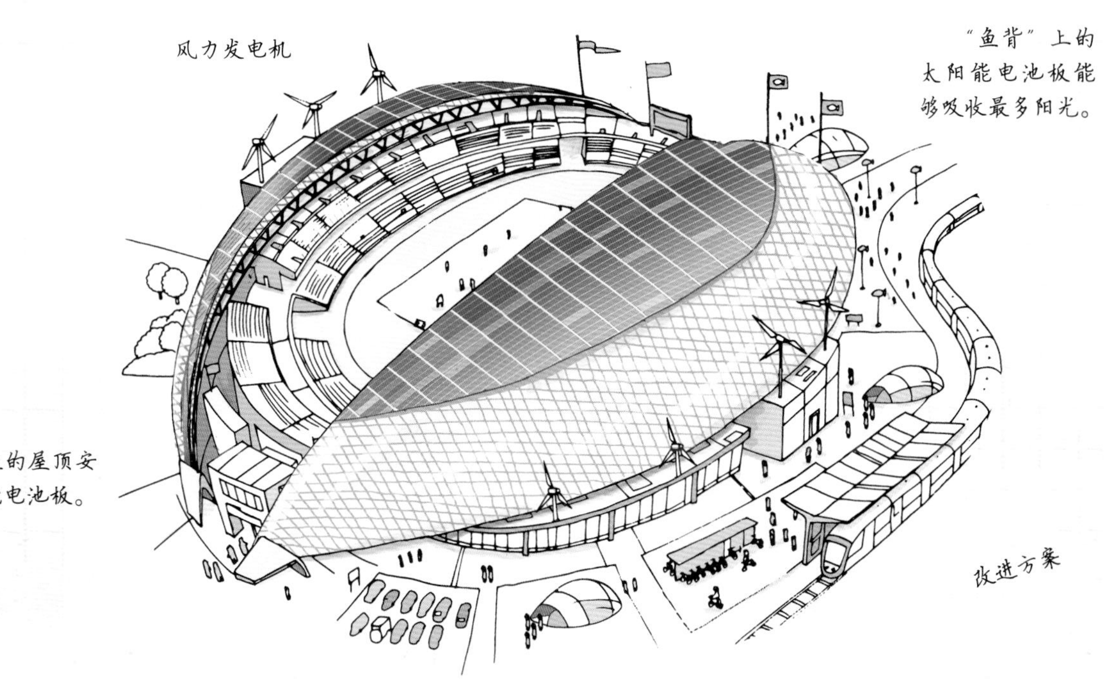

第10步 设计队服

设计工作只剩下了最后一项：我们的足球队需要一套新的队服，和这个惊艳的新球场相呼应。队服的设计需要使用北港市的城市代表色，也就是蓝色和白色。除此之外，你可以随意设计队服（只要特蕾西·克拉克尔也喜欢就行！）。

北港竞技队的队服从黑白照片时期就没有变过。

设计队服，第1步

设计队服其实跟设计其他事物没什么区别，第一步都是要研究你要设计的对象。你需要参考其他足球队的队服，以及北港竞技队的旧队服。浏览已有的样式、图案会给你一些想法。但也要注意，不要不小心照搬了其他人的设计！

新队服的主色调是城市代表色，也就是蓝、白两色。

研究笔记

2014年世界杯的各队队服：

德国：

队服只有一种主色调，偶尔使用一点其他的颜色。

澳大利亚：

设计简单，上衣是一种颜色，短裤采用另一种颜色

克罗地亚：

上衣棋盘状的花纹使它在所有队服中与众不同。

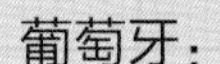

墨西哥：

上衣主要是几何形状和色块。

葡萄牙：

通过条纹让深浅不同的颜色形成渐变效果。

阿根廷：

简单的蓝白条纹，这种条纹设计从来都不过时。

设计队服，第2步

寻找合适的颜色搭配和深浅的最好办法就是画出来试一试。下面这一步就是把图案画出来，并尝试添加一些你认为不错的颜色。有的设计师喜欢先用纸笔画出来，然后再把设计上传到计算机中；也有一些设计师直接用计算机进行设计。网上有不少工具能帮你做这部分工作（比如可以搜索“在线队服设计工具”）。

解难题!

你要设计出三种队服图案供俱乐部老板挑选。

右边的模板可能对你有所帮助。你可以复印或者临摹下来，把它们扫描到计算机中，或是用在线队服设计工具完成设计。

你的设计需要在胸口体现俱乐部老板公司的标志：字体要足够大，让标志横据上衣胸部位置超过三分之一的宽度。内容为：

特蕾西通信

上衣反面需要印上球员号码和名字。

最终设计

最终设计选择了纯白短裤和蓝色上衣的搭配。上衣领口为白色V领设计，正反面均有蓝白两色棋盘图案。

世界上最棒的体育场？

我们的设计终于完成了。从人们如何抵达体育场，到座椅应该是什么样的，我们都认真思考过了。食物、饮品、商场、电力供应、草坪场地、屋顶……设计的所有重要方面都经过了再三考量。最后，我们才完成了这个世界上最棒的体育场的设计工作。

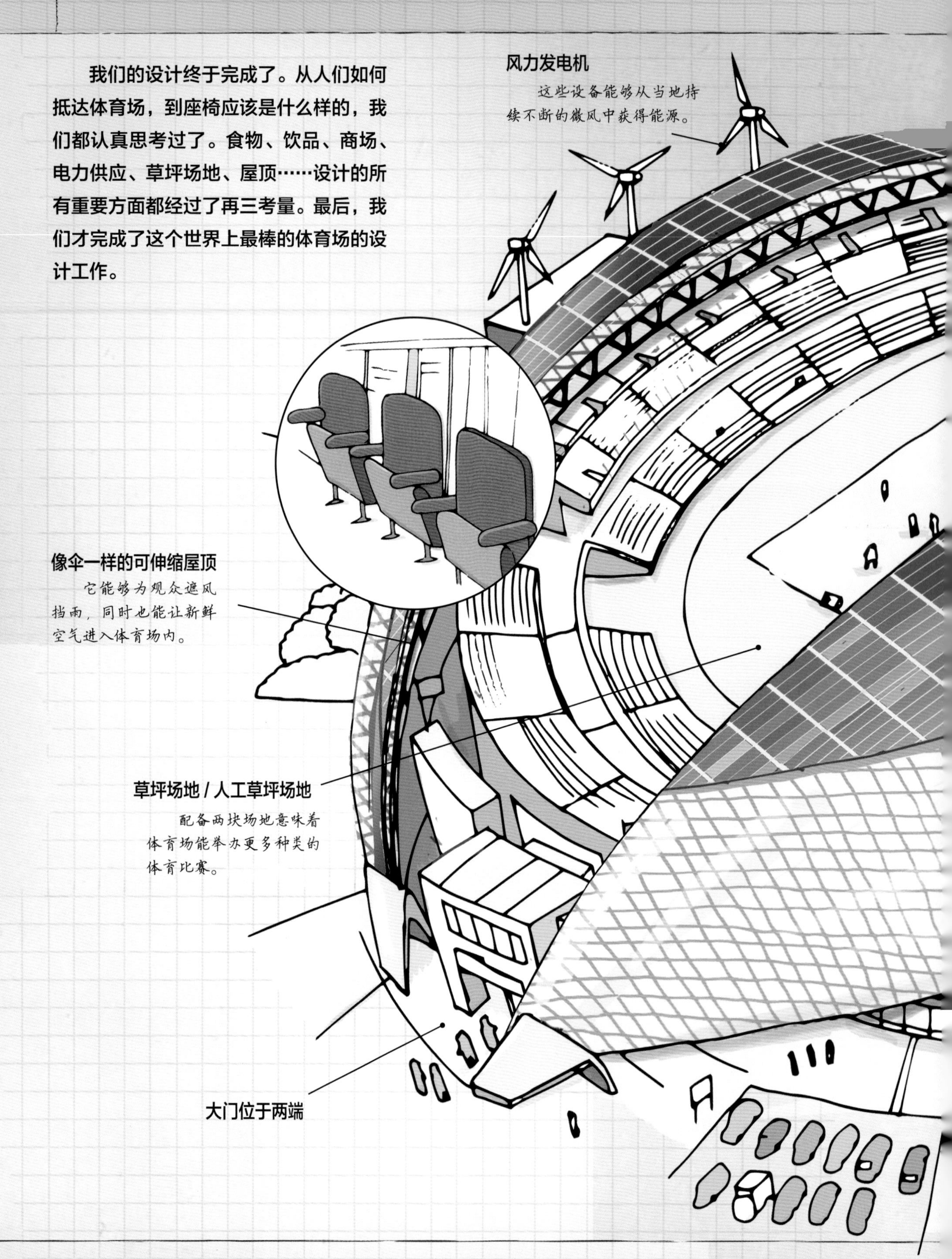

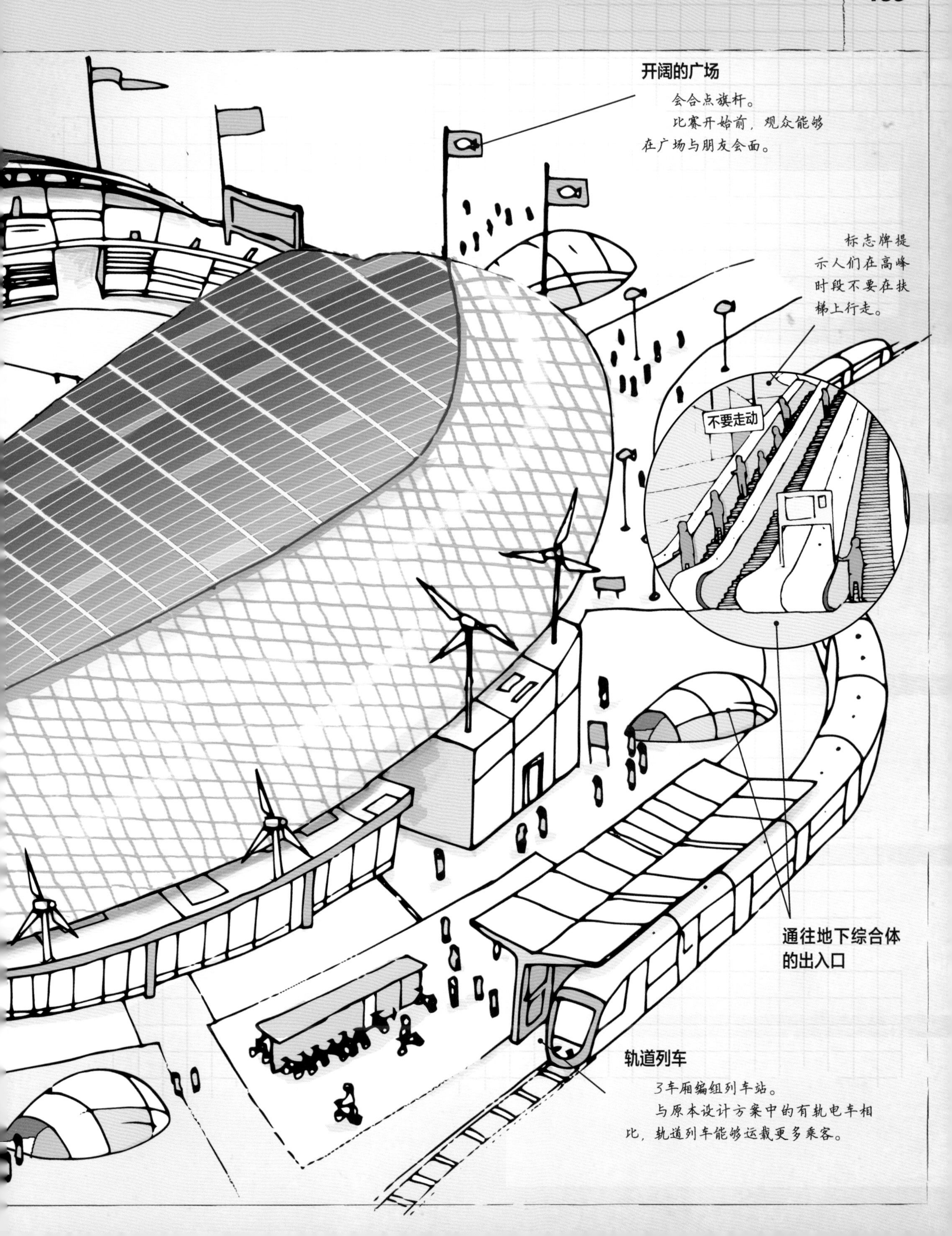
开阔的广场
会合点旗杆。
比赛开始前，观众能够在广场与朋友会面。
标志牌提示人们在高峰时段不要在扶梯上行走。
不要走动
通往地下综合体的出入口
轨道列车
3车厢编组列车站。
与原本设计方案中的有轨电车相比，轨道列车能够运载更多乘客。

其他的顶级体育场

北港体育场是非常不错的设计，但是你现在还不能去这里，因为它还没有建出来呢！如果你想看看世界上已经有的顶级体育场，你可以考虑以下几个著名场馆：

安联球场

地点：德国慕尼黑

开放时间：2005年

这个体育场也被人们称为“橡皮艇”，因为它的外形呈艇状。根据比赛队伍的不同，安联球场能够变换外墙的颜色。

国家游泳中心

地点：中国北京

开放时间：2008年

国家游泳中心也被人们称为“水立方”。外侧蓝色的膜结构和内部的水上运动相得益彰。

丰业银行马鞍体育馆

地点：加拿大卡尔加里

开放时间：1983年

这个体育场马鞍一样的造型会让人想起卡尔加里的历史和文化（这座城市每年都会举办盛大的牛仔竞技活动），体育场的内部设施也不会让球迷失望。

台湾太阳能体育场

地点：中国台湾

开放时间：2009年

这是全球第一个几乎全靠太阳能供电的体育场。屋顶（形状会让人想到龙）完完全全被太阳能电池板覆盖。

温布利体育场

地点：英国伦敦

开放时间：2007年

作为世界上最著名的足球场之一，温布利体育场著名的拱门在伦敦很多地方都能看到。温布利体育场的占地面积非常大，能放下大约25 000辆双层巴士。

威尔士国家体育场

地点：英国加的夫

开放时间：1999年

威尔士国家体育场因74 500名威尔士橄榄球球迷为队伍加油助威的震天响声而闻名于世。可伸缩屋顶闭合的时候，呐喊声更是震耳欲聋。

德国的安联球场是欧洲顶级足球队拜仁慕尼黑的主场。

空间站

设计世界上最棒的空间站

挑一个适合观星的无云的夜晚（你可以通过“heavens-above”等网站查询你所在的城市哪天晚上适合观星），到室外，抬头看看天空。如果你时机把握得刚刚好，你会看见一个光点划过天空。它从出现、变亮、变暗直至消失，前后不过几分钟时间。这个光点就是掠过的空间站。

想象一下太空是什么样子的。你需要什么条件才能在太空生存下来呢?

现在，假设你要为自己设计一座空间站，你要如何规划呢?

空间站及一切的设计定律

设计空间站和设计其他东西几乎没什么差别。首先，你要有一幅草图或者一个计划。它必须符合设计概要的内容，设计概要指的就是设计必须满足的一系列条件。

比如，对于空间站来说，设计概要可能需要包括“具有睡眠空间”和“住在里面的宇航员有地方洗漱”。

接下来，你要仔细审视设计的每个部分，思考这些关键的问题：

· 设计符合设计概要吗?

· 这个设计能够实际建造出来吗?（事实上这一部分包括两个问题，首先是技术上是否可行，其次是我们能不能承担建造成本。）

· 要实现相同的目的，是否有更好的方式呢?

最初的设计方案可能要根据上面三个问题的答案进行调整，甚至可能会彻底变样。

如果你觉得在太空中生活这个点子让你灵感迸发，不如尝试亲自设计一座有史以来最棒的空间站吧!

不同的空间站形状各异，五花八门。

这座空间站利用长条形的太阳能电池板获得能源。

研究准备

设计者一般都会在一定程度上基于自己的经验制订设计方案。但是要设计一座空间站，你恐怕只能依靠调查研究了！那么，要去哪里找空间站相关的资料呢？

1. 互联网

互联网上有许许多多关于太空的信息。不过，这些信息并不是每一条都真实可靠，所以，在网络上寻找信息的关键是使用可靠的网站。一个优秀的研究者也会使用多个搜索引擎。

2. 书籍

自20世纪初，人类就开始设计（而不是建造）空间站了。往图书馆跑一趟，你能收获许多互联网上可能都没有记录的点子。

研究笔记

一个网站是否值得信任，可以通过以下几条线索判断：

· 网站提供的信息陈述的是事实而非观点。

· 网页内容清晰，没有文字或语法错误。

· 网址结尾是“.org”“.edu”或“.gov”，通常情况下，这样的网站都是由政府或专业组织运营的。

空间站是做什么用的?

设计师开始一项新工作时，要问的第一个问题就是："这东西是做什么用的？"空间站要供人居住，但它绝不仅仅是一间景色宜人的客房！它还有很多其他用途。

空间站的用途

空间站的主要用途是进行科学研究。科学家希望了解人类是否能够在太空中长期生存。太空中的环境和地球上大相径庭，太空中没有空气，也基本上没有重力。人类如果想有朝一日完成长途太空旅行，甚至是在太空中生活，那就必须首先要研究、理解处在太空环境中会对人造成什么影响。

未来的太空旅客也需要可靠的航天器，它们得经得起时间的考验，因为在太空中旅行得花很长时间。航天器还需要能自行产生动力，因为太空中可没有加油站！航天器也必须能够给乘客提供饮食，因为太空中也没有超市。

空间站可以为解决上述问题提供思路，所以空间站上需要有能进行科学实验、容纳科学仪器的实验室。

研究人员利用特制实验室进行与重力相关的实验。

打造宜居的空间站

人类要想在空间站上生活几周甚至几个月，空间站必须具备合适的居住条件。它得跟宾馆有些相似之处，能够给入住的客人提供生活所需的一切。（要是有一天太空旅游业真的发展起来了，空间站就得承担与宾馆一样的职能。）

作为设计者，你得明白入住空间站的人有什么需求，确保自己的设计方案能够满足这些需求。

这个餐厅略显狭小，在国际空间站中，宇航员要在这里吃午饭。

解难题！

把人们一天之内会做的事情列成一张清单。通过这张清单，你可以确保自己的设计能够满足人们的所有需求。

首先，你需要想想，你和家人在一天24小时内的所有活动事项，列出一张清单。然后将其中不同的活动区分开来。比如“上厕所”其实包括了两种活动，你得把这两种活动分别列出来。

区分清单上的必需活动和非必需活动。

比如，如果你在清单当中写了这么一条：“16:00–16:30，游泳课”，那这项活动就是非必需的。游泳池并不是空间站不可或缺的设计。对照第174页上的清单来验证你的想法。

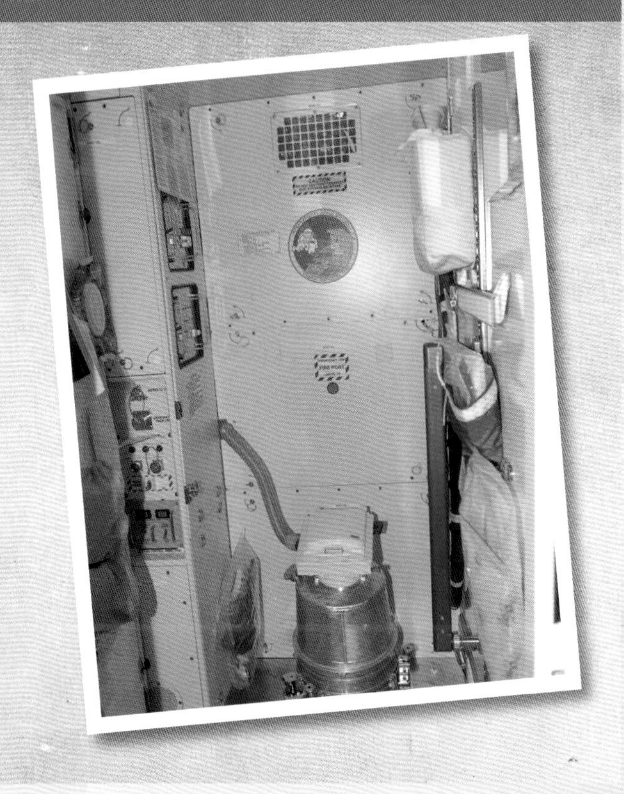

照片中的物体形状似曾相识，仔细观察的话，你就会发现这是个不太一样的马桶。

第1步 画出理想设计图

想必现在你已经研究过空间站相关的信息，了解空间站的用途了。你也能够列举出生活在空间站中的人的需求。现在，你需要画出第一版设计图了。

做好修改准备

没有哪个设计从第一稿就能完美无缺。无论是设计一把椅子还是一栋办公楼，修改和完善都是必要的。对于设计初稿来说，你只要画出理想中的设计图就可以了。你可以画出你想要的一切，只要符合设计概要就行。

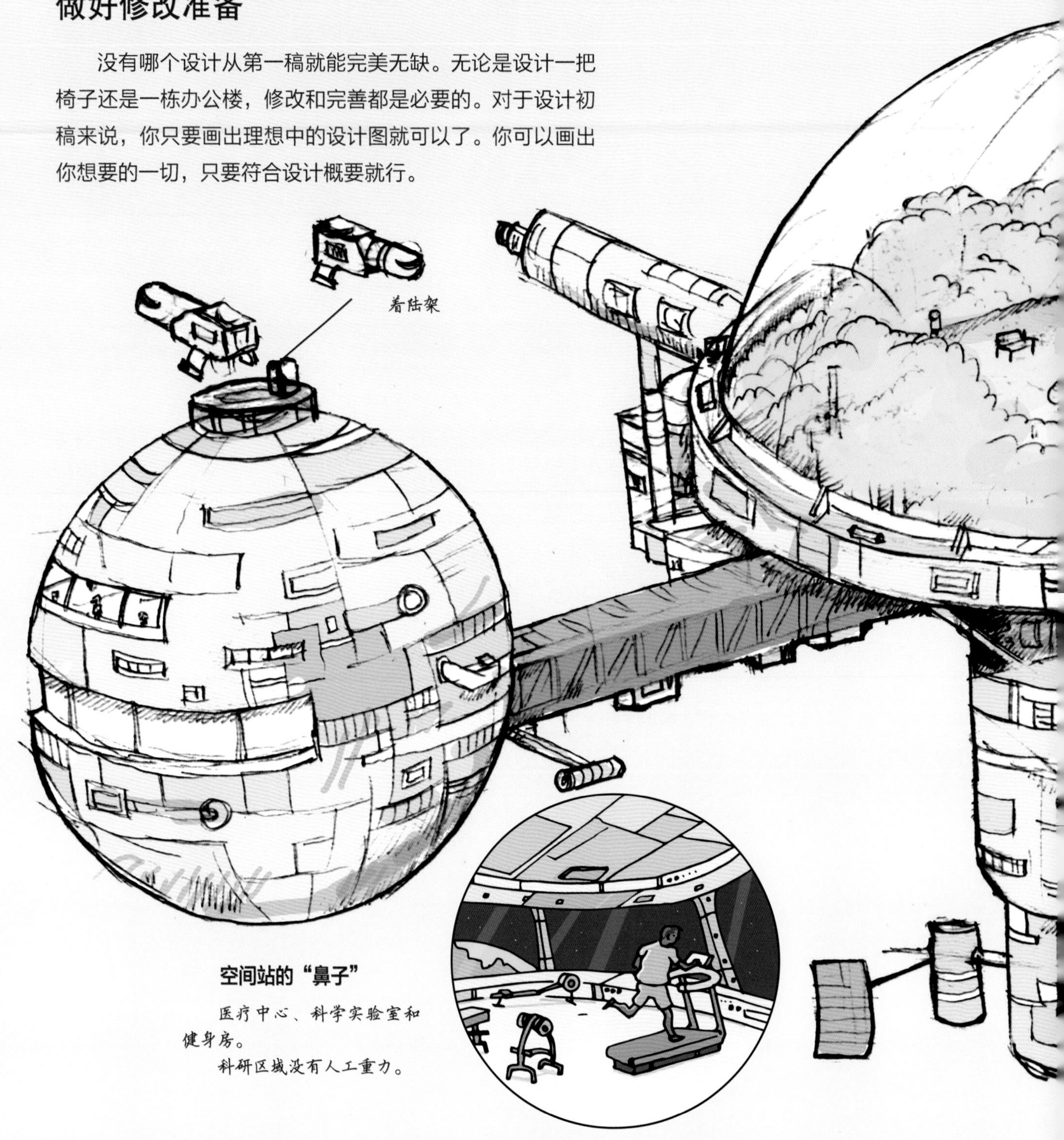

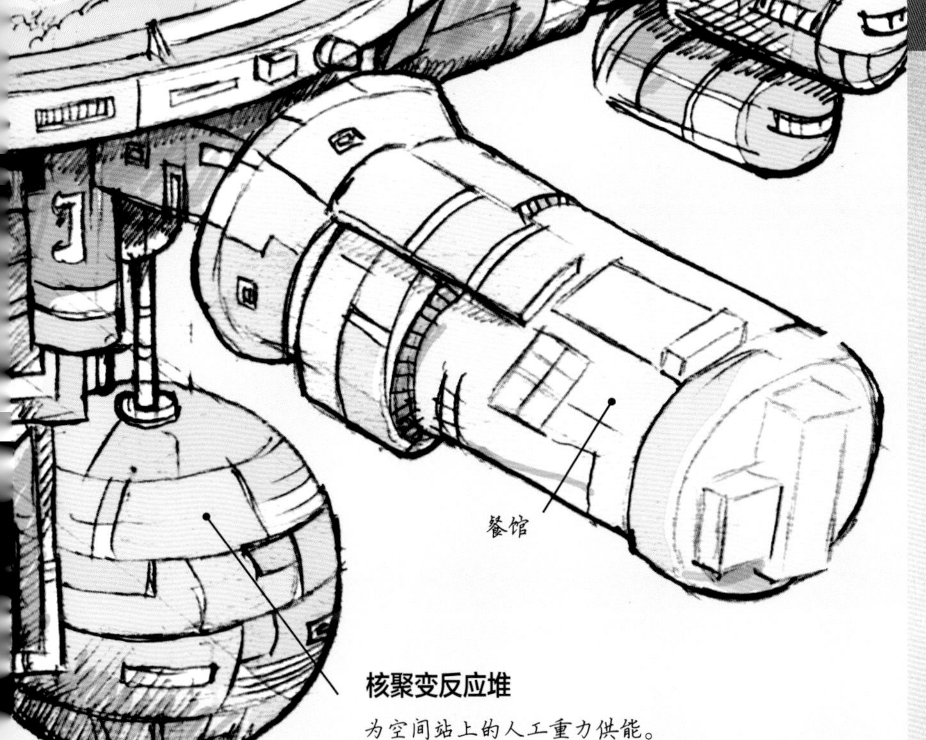

中央休闲区

种满草的区域用来踢足球和进行其他体育活动。

树木等植物能够将二氧化碳（人类呼出的）变成氧气。

客用睡眠舱

太空旅客休息的卧室跟游轮上的客舱有点儿像。

居民睡眠舱

长期住在空间站的人可以睡上下铺。

核聚变反应堆

为空间站上的人工重力供能。

解难题！

结合第 144 ~ 145 页的内容，以及第 145 页“解难题！”部分中你得出的结果，列两个清单。

第一个清单列出空间站中的必需设施，第二个清单列出空间站中能够锦上添花的非必需设施。你可以参照下面的表格列这两个清单：

必需设施	非必需设施
科学实验室	游乐区域
洗漱设施	足球场

本页的设计图也是根据类似的清单绘制而成的。你可以翻到第 174 页验证自己的想法。

第2步 核实建造成本

现在，你手上已经有了史上最棒空间站的理想设计图了。接下来你的工作就是要弄清楚你设计的空间站能不能实际建造出来。如果能够造出来，那么，对设计图的每个部分你都要认真审视，看看是否能够达到设计目的，以及是否能够加以改进。

建造成本

“建造成本”就是字面意思，表示建造某物需要花费的成本，其中包括运输成本、材料成本和劳动成本。将你的空间站设计进一步细化之前，你需要大致计算出建造它的成本。首先可以研究一下其他空间站大概都花了多少钱。

研究笔记

苏联的礼炮号空间站是世界上第一座投入使用的空间站。礼炮号是在地球上建造完成的，1971 年发射进入运转轨道时，上面空无一人。随后，宇航员搭乘火箭抵达空间站，他们只在里面生活了三周多的时间。

后来的空间站，比如和平号空间站和国际空间站，都是在太空中建造完成的。设计的时候，这些空间站预留了接口，能够与后来设计的部分相连。

地球上空的和平号空间站。和平号在轨道上运行了15年。

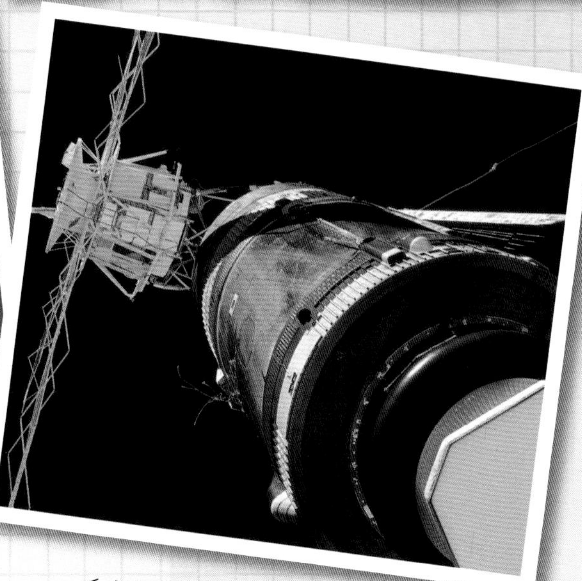

天空实验室于1973年发射升空。

解难题！

世界上著名的空间站有天空实验室、和平号和如今仍在运行的国际空间站。

利用下面表格当中的数字，计算各个空间站每千克的建造成本是多少（下表列出的成本包含材料的运输成本，并根据现在的价值进行了换算）：

空间站	估算建造成本	质量
天空实验室（1973—1979年）	100亿美元	100 000千克
和平号（1986—2001年）	56亿美元	100 000千克
国际空间站（1998年至今）	1 000亿美元	391 000千克

翻到第174页，看看你算得对不对。

（注：1美元≈6.5人民币）

理想设计要花多少钱？

作为设计师，你需要计算出你理想的空间站要花多少钱才能建造出来。通过与国际空间站的成本进行对比，你就能大概估算出来。建造时间最近的空间站是国际空间站，它的造价约为255 754美元/千克。据预测，这座理想的空间站质量大约是700 000千克，建造它要花费大约：

700 000×255 754=179 027 800 000

将近1 800亿美元！

坏消息是，建造计划刚开始，我们就遇到了金融危机，没人能支付1 800亿美元来建造空间站。现在我们的预算只有1 100亿美元（当然，这也是一笔巨款……）。因此，空间站的质量大约只能有400 000千克，得比最初的设计小一些、简单一些。

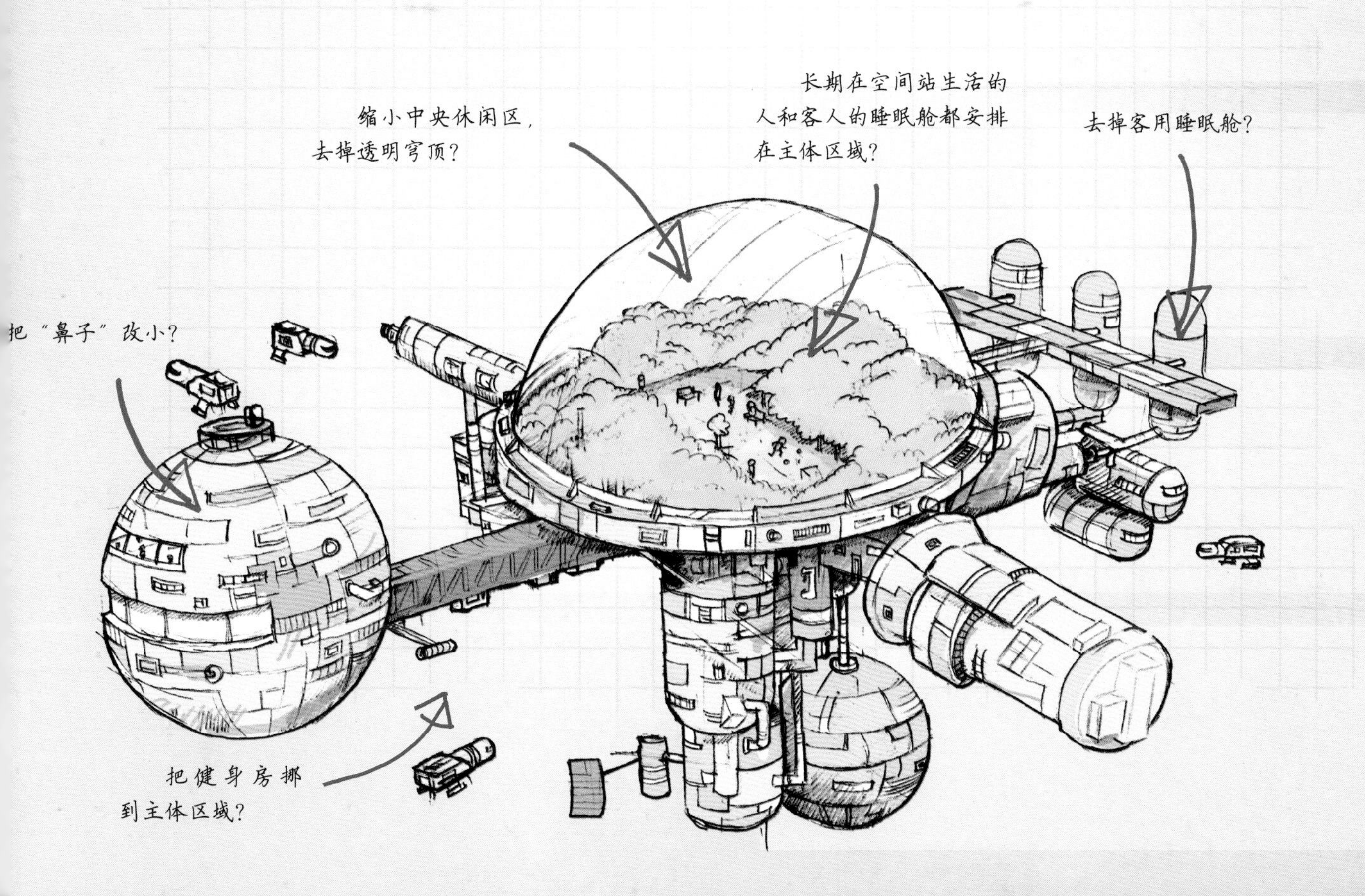

第3步 给空间站供能

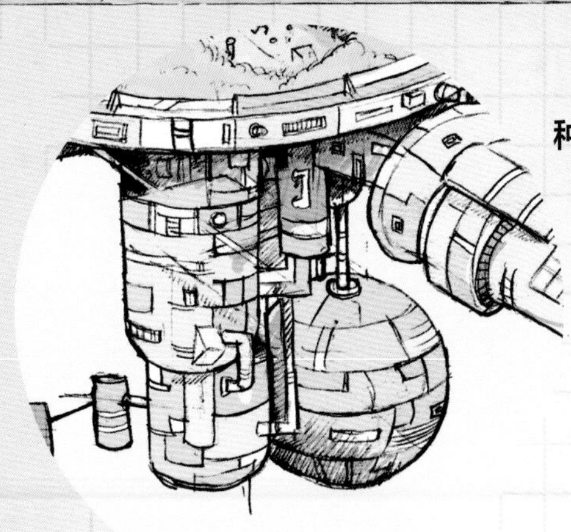

原本计划空间站的主要能源来自于核聚变反应。这种能源可以用来形成空间站内的人工重力（除了科学实验室区域，这部分不需要重力）。这个想法听上去不错，但是这个方案有两方面重大问题：1. 人类现在还没有掌握核聚变技术；2. 人类也还没有发明出人工重力装置。

可能的变动

现在，我们得解决上面提到的两个问题：

1. 空间站的能源来自哪里?

这个问题的答案非常简单。一半时间中，空间站都沐浴在灿烂的阳光下。给空间站上装上太阳能电池板，就能够获得足够的能源了。

解难题!

科学家计算发现，空间站上的计算机、实验室和生命保障系统每天的能耗大约是75 ~ 90千瓦。

安全起见，太阳能电池板必须要能够产生比实际所需的能量更多的电，大约多10% ~ 15%。

如果一块太阳能电池板能够产生12.9千瓦的能量，空间站总共需要多少块太阳能电池板呢?

翻到第174页，看看你算得对不对。

沃纳·冯·布劳恩在1972年绘制的空间站设计图。冯·布劳恩也设计了美国发射的土星5号运载火箭。

2. 我们能在空间站上创造重力吗?

由于人类尚未发明出能够制造重力的机器，所以这个问题可以简单粗暴地给出否定答案。不过，我们有办法让空间站上的人感觉到重力。

打个比方来说明这一点。想象一个装满水的塑料水桶，水桶的提手上系着一根半米长、结实的绳子。如果你抓住绳子，以足够快的速度抡着水桶在垂直方向上转圈，即便水桶开口朝下的时候，水也不会洒出来。

现在，假设空间站像水桶一样做圆周运动。空间站中的人就和水桶里的水一样，能够待在一个地方不动。

问题在于，专家们计算出，要想产生1个重力单位的重力，空间站中心到边缘的距离需要有224米。如果空间站如第150页的图中一样建成车轮的形状，那么空间站的直径将接近500米。我们要将空间站设得更小，而不是越来越大！

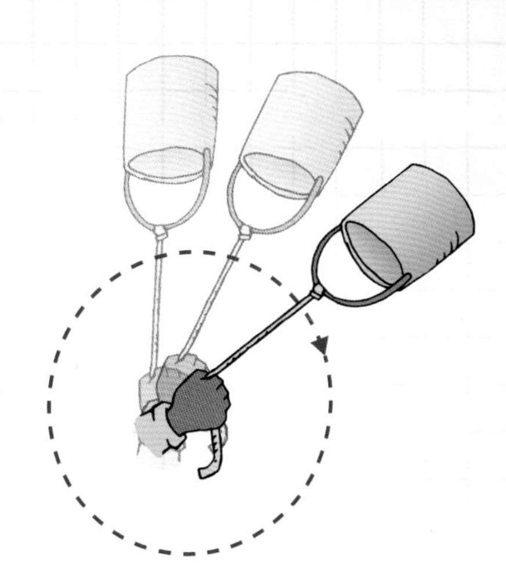

最终设计

空间站的最终设计中，有8块太阳能电池板，而没有人工重力。毕竟，独特太空体验的一部分就是飘来飘去嘛！这是最简单、最经济的选择了。

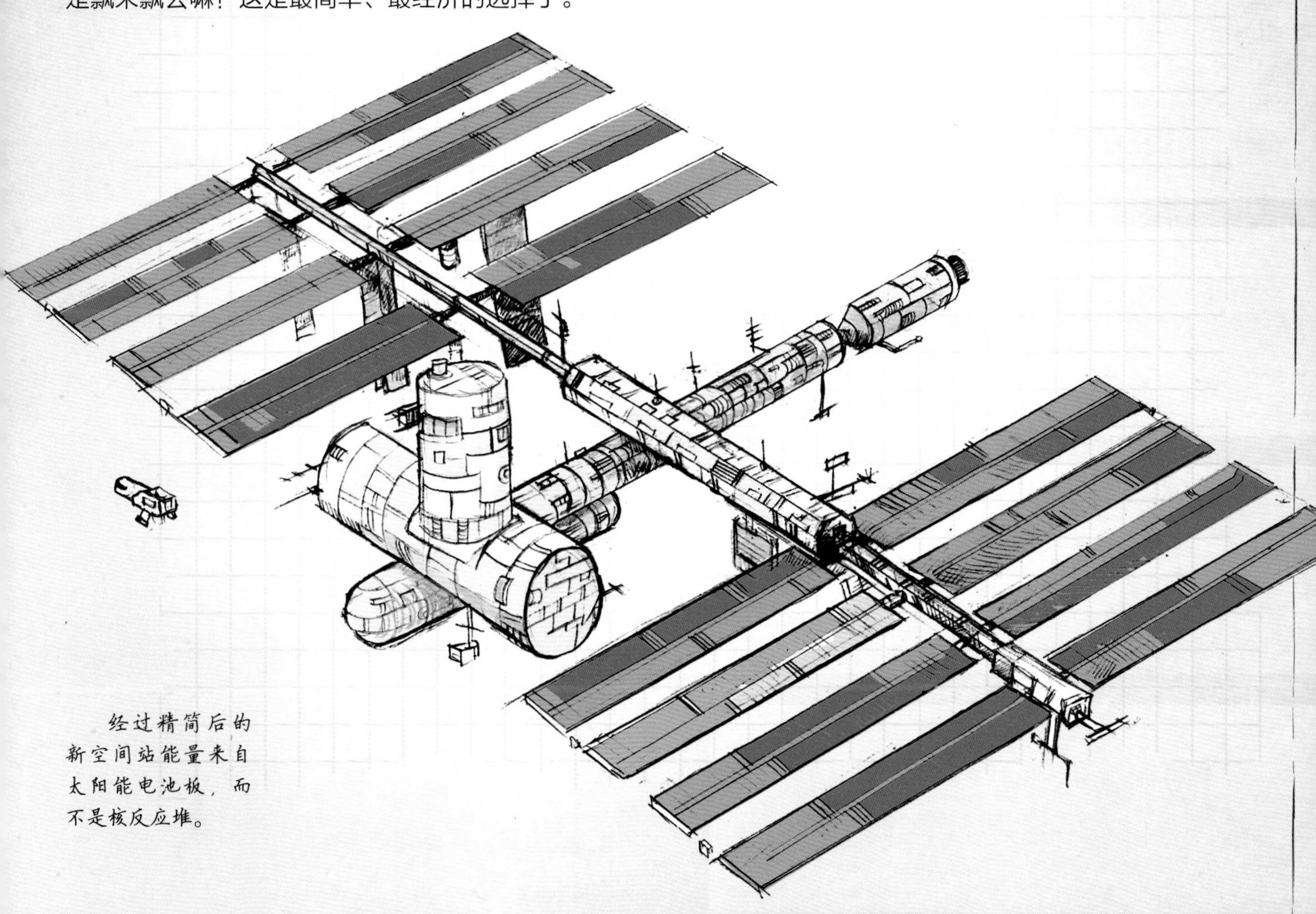

经过精简后的新空间站能量来自太阳能电池板，而不是核反应堆。

第4步 设计门

要把空间站建好，部分工作人员必须在空间站外工作，这被称为太空行走或舱外活动。空间站建成之后，站内的宇航员可能也需要通过舱外活动维修空间站受损的位置。要实现这一点，空间站必须得有门。

舱内舱外

给空间站设计一扇普通的门并不合适。普通的门打开之后会让空间站内的空气逃逸到太空当中。空间站的工作人员需要想办法让自己走到舱外的同时，不让舱内的空气流失。

研究笔记

太空中充满危险，也不是宜居之地：

· 太空中没有能够呼吸的空气。

· 温度极端，最低-155℃，最高可达121℃。

· 阳光强烈，足以致盲。

· 太空中有运动速度达到每小时几百千米的宇宙尘埃，它们可能会对空间站造成严重损害。

· 辐射（不可见的射线）会让生物生病甚至死亡。

这名宇航员正在进行舱外活动，人悬在机械臂一端，此刻他一定觉得自己与故乡相隔万里。

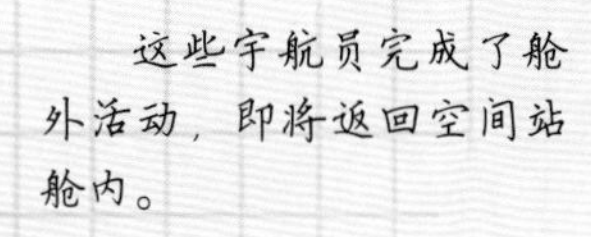

这些宇航员完成了舱外活动，即将返回空间站舱内。

解难题!

研究一下人们都是如何从安全的环境进入到不安全的环境中的。比如，潜水员是如何离开潜水艇进入到海里的?

你是否找到了某一种能够作为空间站出入口的门呢?

翻到第174页，看看你的想法对不对。

解难题!

进行舱外活动的宇航员必须戴两副手套、身穿一整套笨重的航天服。这会给他们的工作增加多少困难?

要想知道这一点，你需要找四个人，每人戴两副手套，拿一块拼图。每一块外侧拼图上都写 A，内侧拼图都写上 B。

两个人拿所有的 A 拼图，而另外两个人则拿 B 拼图。拿着 A 拼图的两个人离开“基地”来到假想中的“工作区”。他们都戴着两副手套（就像穿着航天服的宇航员一样），把外侧拼图都安装好。等他们返回“基地”后，拿 B 拼图的人离开，去安装内侧拼图。

最终设计

空间站上要安装上“气闸舱”系统。使用前，工作人员会帮助宇航员把航天服穿戴好。气闸舱的使用方法如下：

1. 宇航员穿过内闸门。空间站和气闸舱之间的闸门关闭。

2. 宇航员准备就绪后，开启通向舱外的外闸门，这时气闸舱中的空气就会跑出去!

3. 宇航员由太空返回空间站时，按照相反的顺序操作。

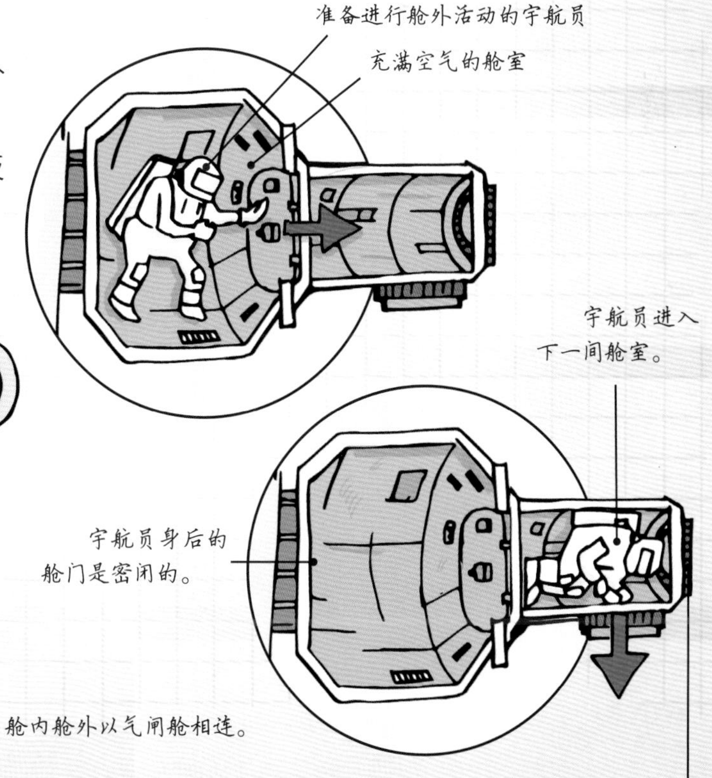

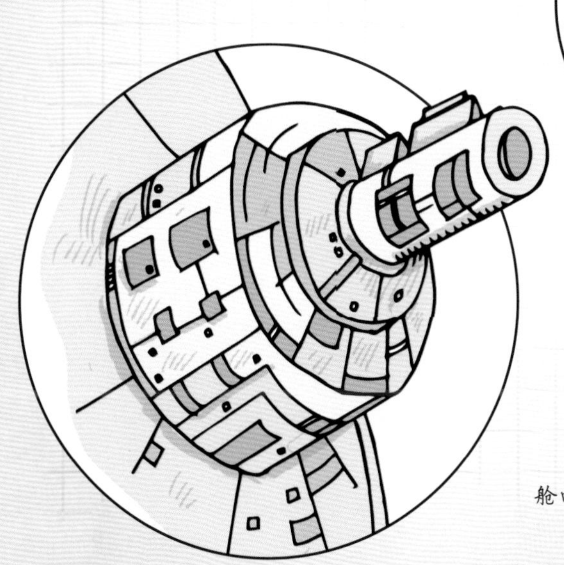

舱内舱外以气闸舱相连。

第5步 让空间站动起来

为了维持空间站距离地面的高度不变，它必须要以恒定的速率绕地球转动。如果速率降低了，它就会缓缓地落向地表。这就存在一个问题：宇宙尘埃的存在会不断降低空间站的运动速率，微流星体等天体的撞击也会产生同样的问题。

在太空中运动

据航天专家计算，一年内空间站运动速率的下降，会导致它的运行高度下降超过2千米。要是不让它不断向上运动，空间站迟早要撞到地球表面。

如果空间站具备在太空中的运动能力，它也能避免在太空中发生毁灭性的撞击事故。太空垃圾或流星体（其运动速度差不多是每小时几百千米）的撞击对空间站来说无异于一场灾难。

研究笔记

空间站的运行轨道距离地球表面只有400千米。而地球的重力作用在这一高度上大约是地面引力的90%。那为什么空间站没有掉到地球表面呢?

原因在于地球对空间站的引力和空间站的运动方向的力的共同作用，让空间站不会垂直下落。

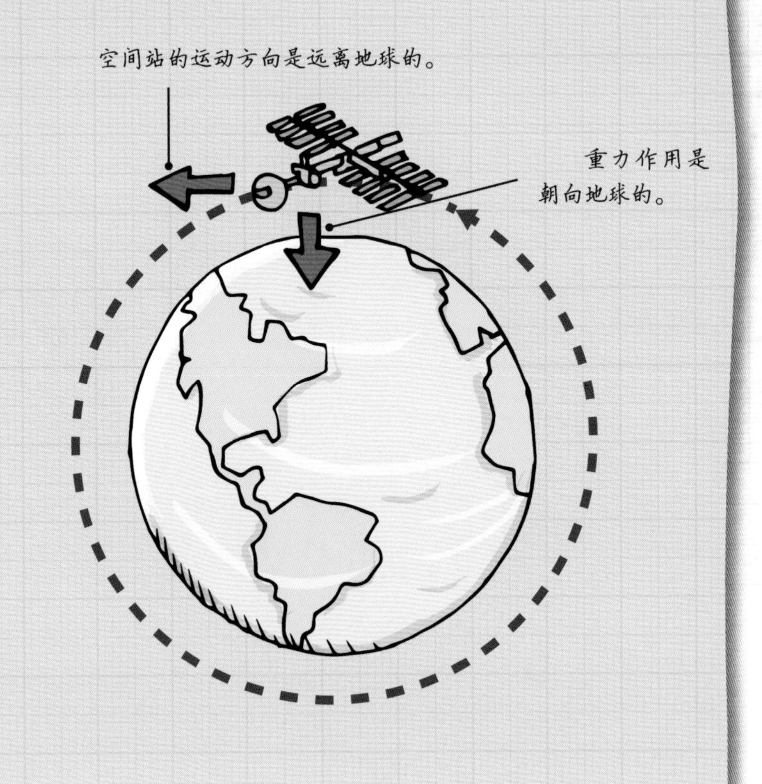

这两方面因素共同作用，让空间站沿轨道运转。

解难题!

这个实验能够证明物体的运动速度与其造成的伤害有什么关系。

你需要准备一个旧鞋盒、一些纸巾、能用嘴吹气射豌豆的吸管和一些干豌豆。用纸巾替换掉鞋盒的盖子，将纸巾尽量展平、贴住。

1．在纸巾上放一颗豌豆。

2．把鞋盒立起来，朝纸巾扔一颗豌豆。

3．用吸管快速地朝鞋盒的纸巾吹一颗豌豆。

哪一颗豌豆让纸巾破得最严重?

翻到第174页，看看你得到的结果与答案是否一样。

最终设计

最终的设计方案可以采取两种方式让空间站获得运动能力。

第一，空间站上面安装四个小型火箭。它们朝向不同的方向，这样空间站就能进行短距离的运动了。

第二，加固空间站与其他航天器对接的部分，这样就可以利用其他航天器上的火箭让空间站移动。

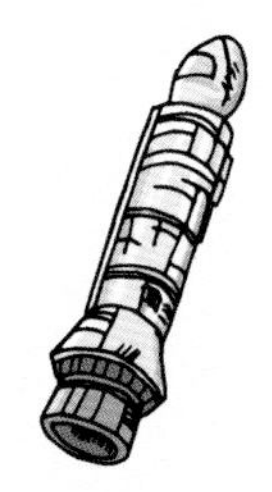

在太阳能电池板臂的两端和空间站主体部分的两端安装火箭。

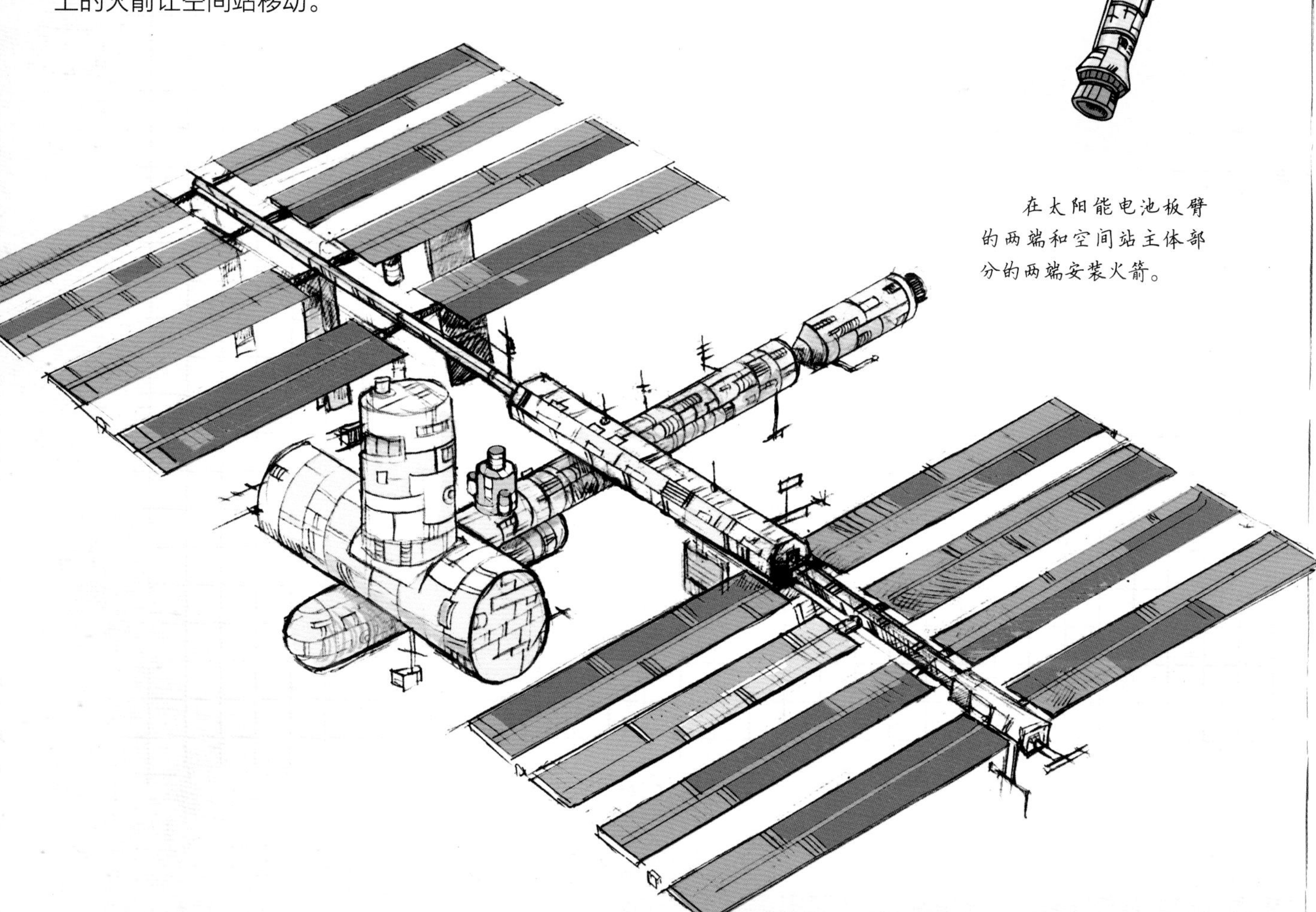

第6步 设计太空厨房

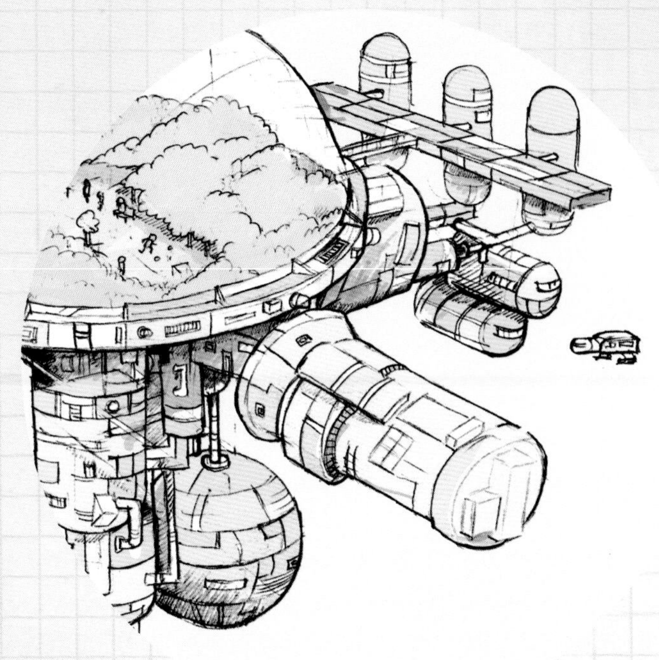

原有设计方案包括一个巨大的用餐区域，人们可以在这里坐着边吃饭边聊天。但不幸的是，金融危机让我们不得不对空间站进行精简，这就导致之前的用餐区域设计存在两个大问题。

在没有重力的情况下吃东西并不像想象中那么简单！

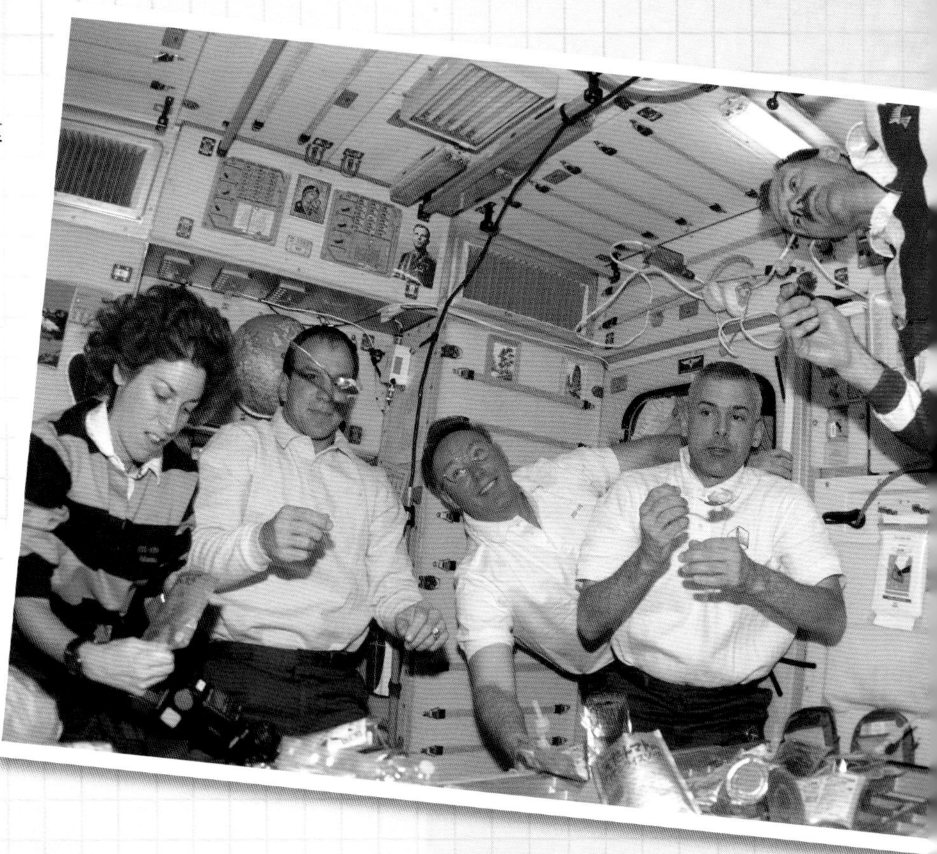

问题1：缺少空间

原有设计方案中的大穹顶建造成本过于高昂，不得不去掉。所以现在社交空间就小得多了（只有普通房间的大小），而且还没有看得到风景的窗户。

问题2：没有重力

没有重力的话，飘浮的肉汁可不是开玩笑的！想象一下，你盛了一盘土豆，但没有重力，它们没办法老实待着；或是冰激凌总是到了嘴边又飘走，要怎样才能吃下肚?

研究笔记

空间站上的地球引力是地球表面的90%，那为什么空间站上的工作人员还感觉不到重力呢?

如果没有外力作用，空间站会保持直线运动，也就是会远离地球。但是由于地球引力的存在，它会有向下落的趋势。也就是说，空间站及其内部的工作人员会不断地落向地球。

空间站上的所有人都像是在从树上掉下来一样。重力无时无刻不作用于他们，但他们却丝毫感觉不到。

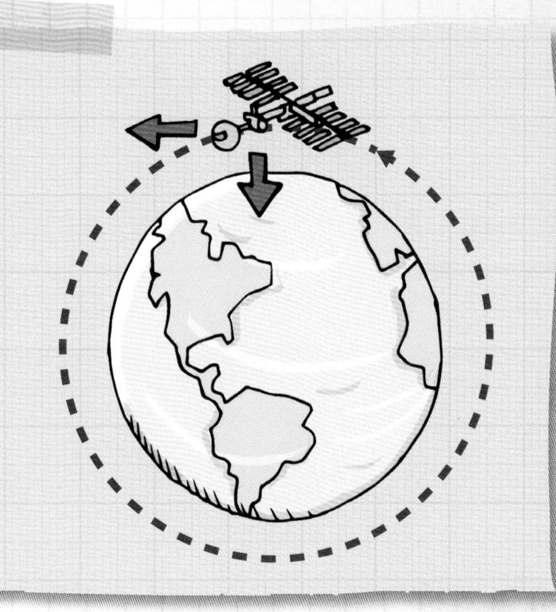

可能的解决办法

第一个问题解决起来比较容易。工作人员必须在起居空间中准备食物和进餐，他们也可以在这里放松休息。

第二个问题就困难一些了。如果没有重力，人要怎么做饭、吃饭呢? 20世纪50年代，最早的一批宇航员的食物都装在牙膏管里面。他们把食物（显然味道就不怎么样了）挤到嘴里。现在的情况与那时不太相同。不过，空间站上确实需要准备特殊的餐食。

解难题!

把你最喜欢的午饭设计成适合空间站的无重力版本。

所有的准备工作都需要在塑料袋中完成，从而避免食材四处乱飘。

你准备的这份午餐能够用烤箱加热，但是不能放到烤架上用火烤，也不能放在炉灶上烹饪——用烤架和炉灶烹饪的前提是食物可以在重力作用下待在上面。

这个问题没有标准答案，不过，上网搜一搜“桑德拉·马格努斯的太空烹饪经历”或“赫斯顿·布鲁门索给提姆·皮克制作培根三明治”，可能会给你一些灵感。

水果杂耍会不会成为一项新的太空体育运动？宇航员马格努斯和金布罗在太空舱里追他们的食物玩。

第7步 设计太空卫生间

最初的设计方案中，空间站上配备的是步入式淋浴间。洗澡水能够借助人工重力收集起来，随后循环利用。卫生间中的马桶工作原理也跟地球上的没什么不同。但在新的无重力空间站中，这些设计都无法使用了。作为设计师，你现在面临着一些难题。

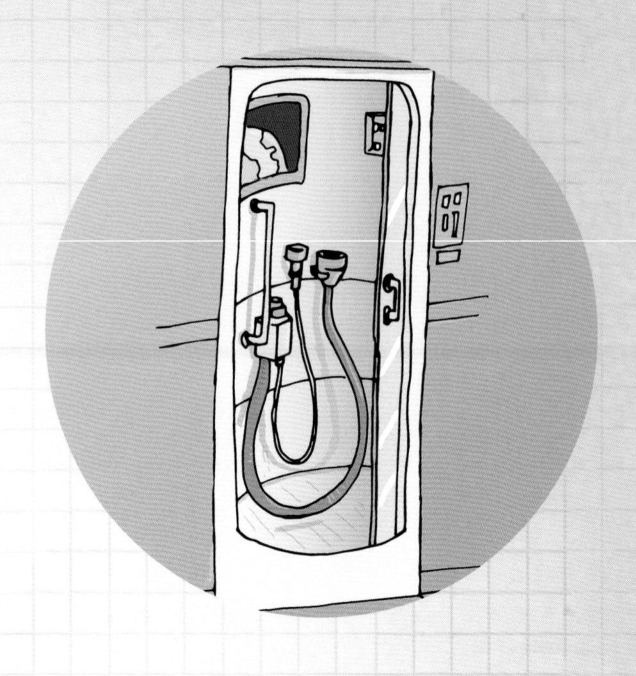

理想设计中那样的淋浴只能在存在重力、水能向下流的情况下使用。现在，空间站上没有重力，你必须想出另一种把自己洗干净的方法！

卫生间里的大挑战

如果没有重力让水落到身上，再流进放水孔，空间站上的人该怎么洗澡呢？他们又要怎样上厕所？厨房里的食材四处乱飘已经挺糟糕的了，如果类似的事情发生在卫生间里，就会非常令人不快了。

解难题！

研究表明，马桶里面的液体废物经过循环处理后，可以作为饮用水。空间站上的每一滴水都需要从地球上运来，所以实现水的循环利用是个好主意。

不过……

液体废物不能跟固体废物混在一起。所以你需要设计一个合适的太空马桶。它必须：

1. 能够分开回收液体和固体；

2. 通过某种方式把废物吸走，否则它就会飘来飘去。

欧洲航天局（一般也称“欧航局”）的宇航员萨曼塔·克里斯托弗雷蒂拍了两个视频，演示国际空间站上的马桶和卫生间的工作原理。（如果你想看这两个视频，为自己的设计寻找灵感，可以上网搜索视频“欧航局宇航员带你参观空间站卫生间”和“欧航局宇航员详解如何在空间站洗头、洗澡”。）

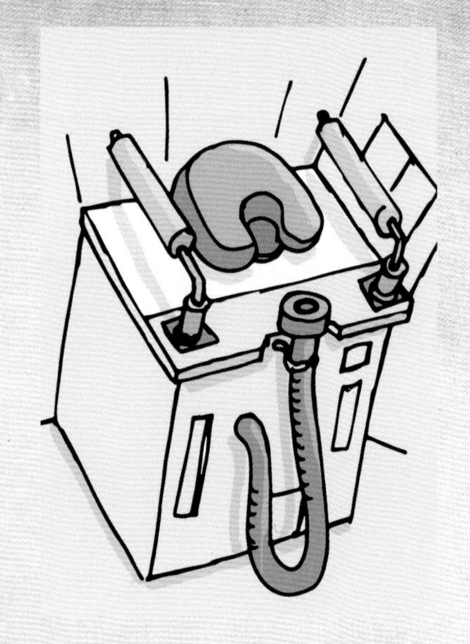

研究笔记

马桶中的废物可以通过不同的方式进行回收利用：

· 液体废物经过处理能够变成饮用水（有些专家会告诉你，你现在所喝的每一滴水都曾是恐龙的尿，只不过是经过了地球上的水循环。不过这是另一码事了）。

· 固体废物经过处理可以用作植物肥料。

最终设计

空间站马桶的最终设计方案是，液体废物要通过一根管子吸走，之后经循环处理成为饮用水；固体废物要吸进另一个容器中。不过，如果你想要在太空中洗澡的话可能要失望了，因为空间站里没有淋浴，也绝对没有浴缸！宇航员得用特殊的毛巾和肥皂把自己擦干净。

宇航员用头发干洗剂洗头发，而不需要用水。

洗澡用的毛巾固定在墙上。

牙膏用魔术贴粘在墙上。

通风口能够将小液滴吸走。

第8步 给宇航员支张床

最初的设计中有非常舒适的睡眠设施。宇航员做完一天辛苦的工作后，可以爬到双层床上睡个好觉；而客舱中的床就更加豪华了。但不幸的是，由于预算问题，这些全都成了泡影。

重新设计卧室

空间站的睡眠设施需要完全不同的设计思路，有两个大问题需要解决：

1. 空间站上的人都感受不到重力。所以如果他们想睡在普通的床上，可能会飘走。在睡梦中撞到墙，或者脑袋磕在马桶上都可能会让你彻夜难眠。你得想点儿办法防止这种事情发生。

2. 规模小、造价低的空间站肯定空间比较紧张，所以睡觉用的床也得尽可能小。

解难题！

怎样才能防止人在睡觉的时候飘走、撞到东西呢？研究一下地球上人们是如何固定睡觉的人的。可以了解一下：

- 舱式床
- 悬挂野营帐篷
- 婴儿襁褓
- 木乃伊式睡袋

这些工具能用来固定睡梦中的宇航员吗？翻到第174页，验证你的想法。

站着睡觉？不过在太空里，人感受不到重力，所以也就无所谓是不是“站”着了！

最终设计

空间站上会配备两种床：

1. 给长期在空间站的工作人员配备6个睡眠舱（空间站上不会所有人都在同一时间睡觉，所以睡眠舱可以供不止6个人睡觉用）。这些睡眠舱就像能塞下一个人的壁橱，壁橱的墙壁上还垫了柔软的垫子。人在这么小的空间中就不会四处乱飘了。睡眠舱能够隔音、避光，里面既安静又黑暗。

2. 空间站里人比较多的时候，额外的访客需要到固定在墙上的睡袋中睡。睡在这里的人需要戴眼罩避光、戴耳塞隔绝噪声。这种床跟奢侈享受不沾边儿，但是能节省不少空间。

研究笔记

人类平均每天所需的睡觉时间为7～8小时。大多数人都在黑暗、安静的环境中睡眠质量最好。

运行在地球上空400千米的空间站里，夜晚的时间并不长。空间站绕地球一周只需要90分钟，其中只有一半的时间处于黑暗状态。所以每个“夜晚”只有45分钟长。

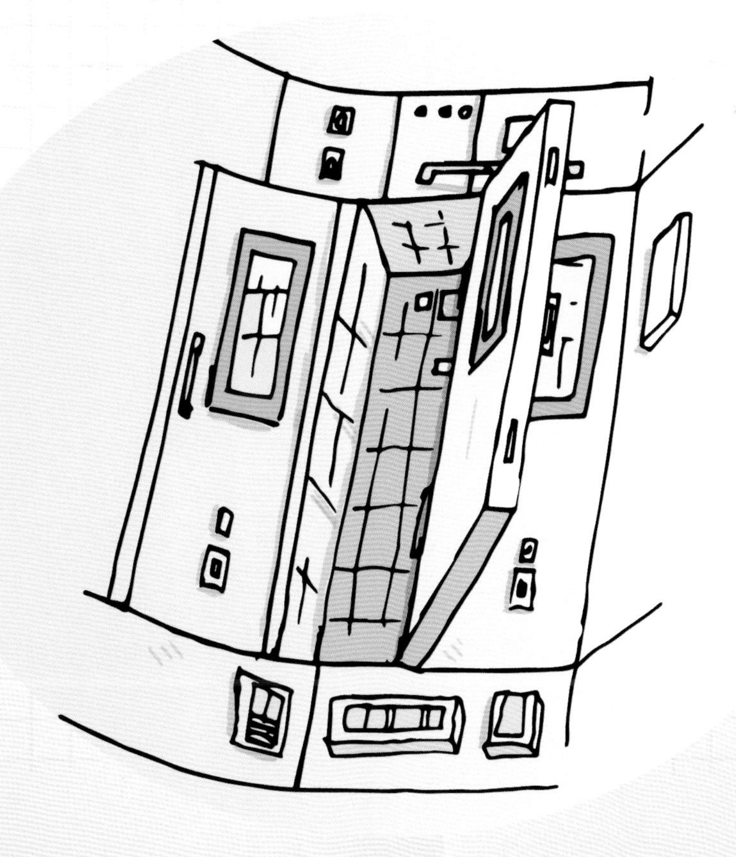

睡眠舱中有一定的移动空间，但并不太大。

第9步 设计太空健身房

有些工作人员会在太空中待好几个月。长期生活在无重力环境中，会对人体产生严重的影响，体育锻炼是减少不利影响的方法之一。所以接下来你的工作是设计一个太空健身房。

特殊要求

太空健身房有特殊的要求。你不能简单地把地球上的健身房照搬到太空上，而是要设计一个能够放进空间站里的较小的健身房。在地球上，人们进行的大多数健身项目都依赖重力作用，比如跑步、举重、舞蹈、足球和篮球都需要重力。想象一下，如果没有重力，这些运动会变成什么样子？

研究笔记

缺少重力的环境会对人体机能产生以下影响：

· 在地球上，重力作用会让血液流到足部。而在太空里，这就不能发生。上肢中会滞留大量血液，一段时间后，你的脸就会明显肿起来。

· 几天之后，你的脸就不会再肿了，不过这只是因为你的身体开始减少造血了。

· 由于体内没有那么多血液需要输送，你的心跳也会放缓，心脏变得虚弱。

· 由于无须对抗重力作用，你的肌肉和骨骼也会退化，肌肉质量大约会每周减少5%，而骨质大约会每个月流失1%。

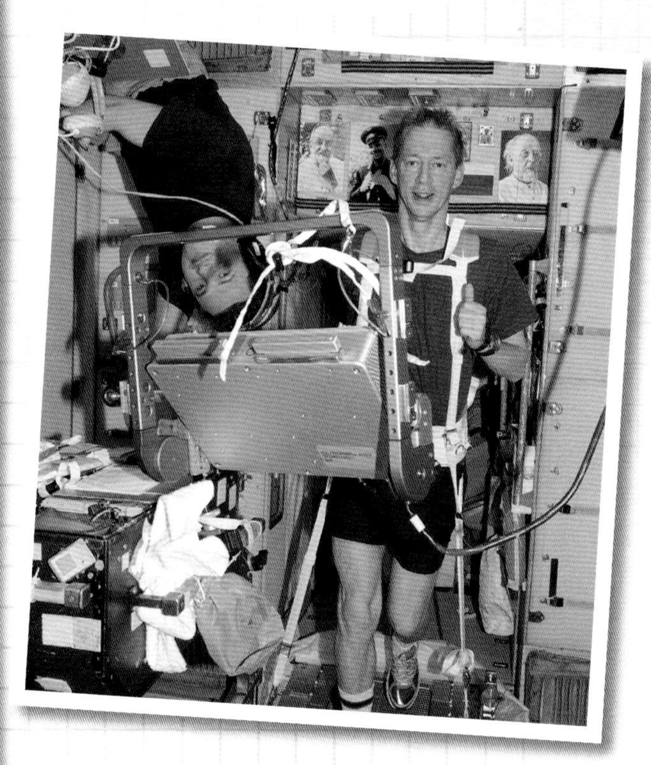

你会给国际空间站上这种迷你健身房起什么样的名字？比如折叠太空健身房？

解难题！

你能想到哪些不需要重力的运动项目呢？下面这些运动能给你一些提示：

你可能会想到这些照片以外的一些运动。翻到第174页，验证你的想法，然后设计满足以下条件的健身房：1. 无须占用大量空间；2. 宇航员能够锻炼到身体的每个部分。

最终设计

最终设计出的健身房在不使用的时候几乎不会占据任何空间。即便小巧，它仍然可以锻炼到宇航员身体的关键部位。单车机能够很好地锻炼他们的心肺功能，也有助于让他们的腿部肌肉保持强壮。骑车的人必须得用带子固定在车座上，这样人才可以稳稳地待在单车上。固定在墙上的弹力带能帮助宇航员锻炼腿部、手臂和躯干的肌肉。最后，健身房里还配备了拳击速度球，宇航员想打点儿什么东西的时候，它就能派上用场！

第10步 在太空里做科研

空间站的原始设计中，在没有人工重力的区域设置了一个巨大的科学实验室。根据新的设计要求，整个空间站都没有人工重力，所以实验室也就不需要单独的一片区域了，空间站主体部分的任何区域都可以用来进行科研工作。还需要有什么改变吗？

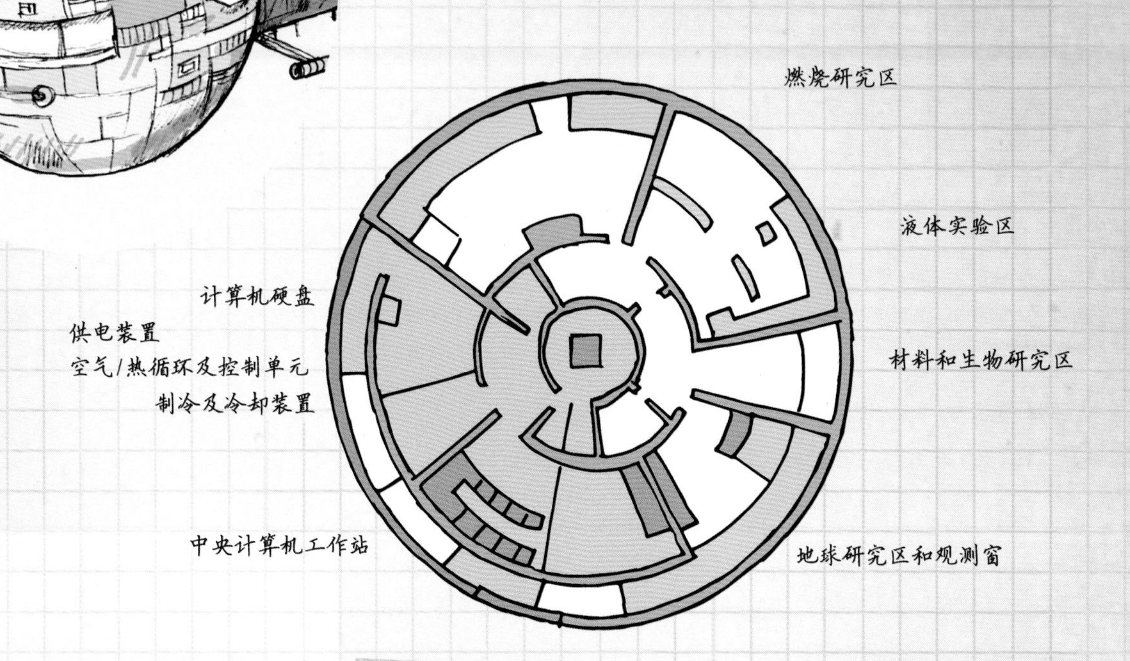

研究笔记

在空间站上的微重力环境中，可以进行各种各样的特殊实验。其中有许多都能帮助科学家了解我们未来如何在太空中进行长途旅行。

1. 太空飞行需要利用火箭，所以我们需要了解微重力环境中的燃烧过程。

2. 漫长的太空飞行需要携带液体燃料，所以进行液体实验也很有帮助。

3. 科学家需要通过实验了解各种材料在太空中的特性。

4. 微重力会对人和动物产生何种影响?

除此以外，在地球上方400千米高度的空间站上，你还能看到非常壮观的景象。空间站能够记录地球上发生的现象，比如火山灰的扩散，这一过程在地面上是无法观测的。

欧航局宇航员提姆·皮克取出他需要在国际空间站上进行实验所需要的设备。

设计挑战

空间站现在要比最初计划的小得多。但科学实验室还是拥有一席之地的，不过留给它的空间也就只有一个普通房间了。所以最重大的设计挑战就在于，如何把所有东西都装进去。

解难题!

新的科学实验室直径大约2.5米。但是，实验所需的一切都能够放进这样一个小小的空间中吗?

以下是实验室需要的设备及它们的大小规格：

（宽×高，单位：厘米）

- 燃烧研究区 100×60
- 液体实验区 100×60
- 材料和生物研究区 90×70
- 地球研究区和观测窗 80×50
- 各区域的计算机工作站 50×40
- 供电装置 90×50
- 制冷及冷却装置 60×50
- 空气/热循环和控制单元 90×60
- 计算机硬盘 50×50

要想知道这些东西能不能放得下，你需要知道多大的环形能够摆下这些东西。如果计算出的环形的直径小于2.5米，那么上面的东西就能够放进新的实验室里。

翻到第174页，看看你的想法对不对。

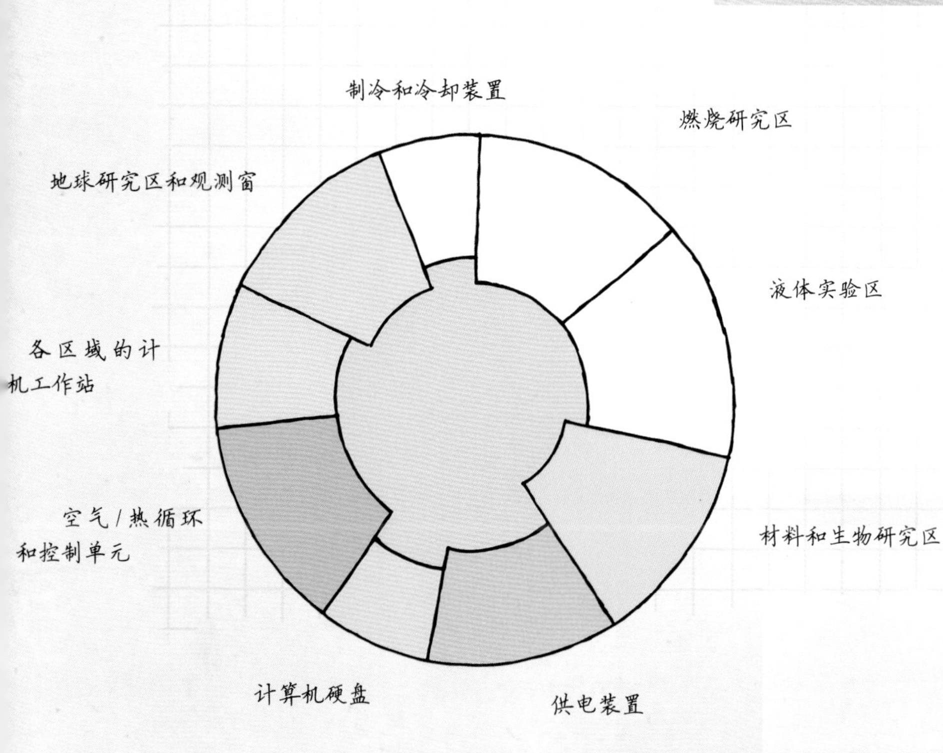

最终设计

最终设计中的实验室比之前更小，位于空间站的主体内部。尽管这个实验室规模小了不少，但仍然可以完成它的工作。空间站上进行的实验有朝一日能帮我们规划长途太空旅行。

史上最棒的空间站？

由于金融危机，我们对空间站的设计做了一些重大的修改。现在这座空间站看起来跟第一稿大相径庭！那么，它仍然能够完成我们设想的功能吗？它是不是符合设计概要呢？

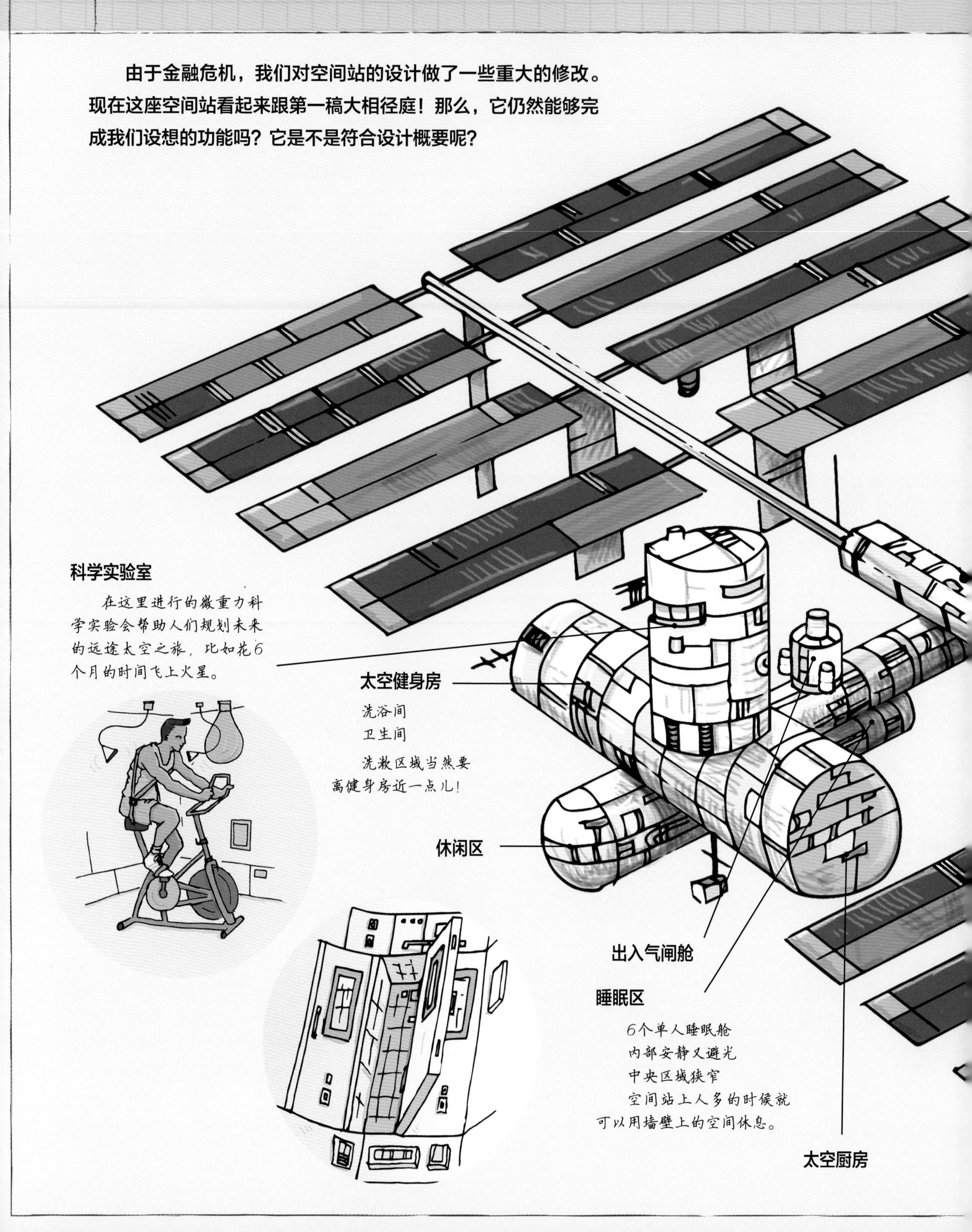

解难题!

本书第147页上的设计概要现在变得清楚明了了。最终设计概要如下：

必需设施	
科学实验室	洗漱设施
餐饮设施	睡眠设施
卫生间设施	食物和饮品
呼吸所需的空气	出入口

将最终设计与设计概要进行对比，确保设计包含空间站所需的一切。

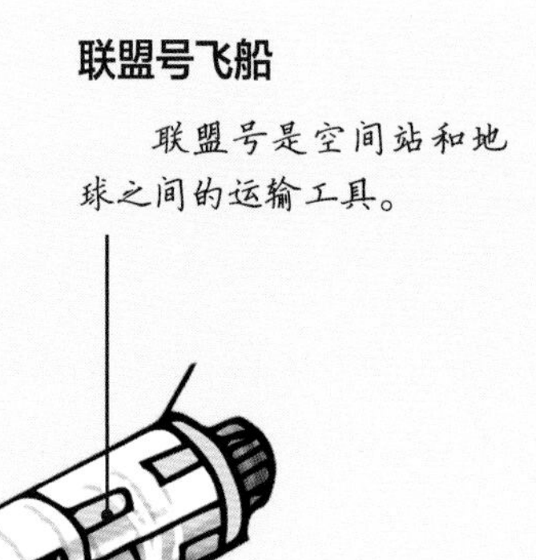

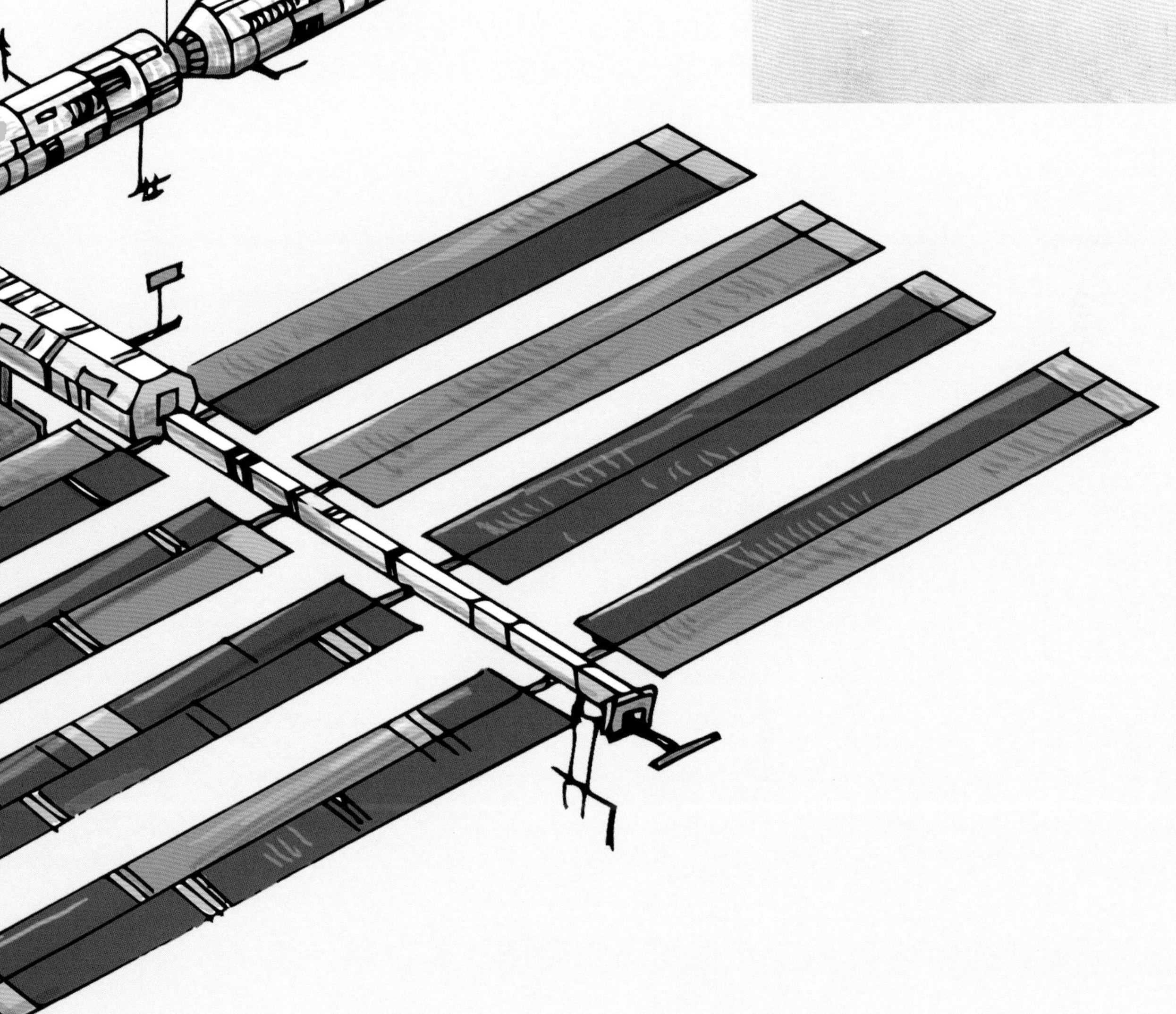

其他的空间站

早在19世纪初，人们就开始想象在太空生活是什么样子了。20世纪50年代，科学家们开始设计最早的空间站。到了20世纪70年代，人们建造出了第一批空间站。

砖头月亮

时间：1869年

砖头月亮是一座虚构的空间站，它出现于1869年的一篇小说当中。原本是一个用于导航的月亮，但它意外载人升空了。这些人生存了下来，于是成了最早在太空站上生活的人（虽然只是想象出来的）。

礼炮号空间站

发射时间：1971年

坠毁/解体时间：1971年

“礼炮1号”是人类历史上第一座空间站，它也是长条形的礼炮号空间站的第一节。事实上，礼炮号的技术如今仍然为国际空间站所用。

天空实验室

发射时间：1973年

坠毁/解体时间：1979年

天空实验室是美国发射升空的第一座空间站，也是首座考虑了宇航员舒适度的空间站。空间站上的每个宇航员都有单独的睡眠舱，空间站上也有单独的吃饭和放松区域。

和平号空间站

发射时间：1986年

坠毁/解体时间：2001年

和平号是第一个在太空中完成组装的空间站。火箭先将核心模块送入轨道，随后其他部分陆续发射升空，进行组装。空间站上能够容纳3名宇航员长期生活（如果不需要长期生活，则可以容纳更多）。

国际空间站

发射时间：1998年

坠毁/解体时间：至今仍在正常运行

空间站的建设和维护的成本非常高，所以美国和俄罗斯合作建造了国际空间站。这座空间站内区分出了美国部分和俄罗斯部分。加拿大、欧洲航天局和日本也都参与了国际空间站计划。

国际空间站目前就在地球上空转动。

自行车

第2页

步行1千米需要12分钟（60 ÷ 5＝12）。步行8千米则需要96分钟（12 × 8＝96），也就是1小时36分钟。骑自行车1千米需要5分钟（60 ÷ 12＝5），5 × 8＝40分钟，所以骑车上学只需要40分钟，比步行节省56分钟。

第5页

“非洲之车”设计概要的内容包括：

·坚固 ·不易损坏 ·便宜 ·在颠簸的路面也能舒适骑行 ·易于修理 ·在尘土多和湿滑泥泞的环境中都能正常使用 ·能够载人载物 ·适合各种体型的骑行者

第9页

设计概要	使用铝合金车架?	使用钢质车架?
坚固	不够坚固	更坚固
在颠簸的路面也能舒适骑行	不太舒适	更舒适
不易损坏	不相关	不相关
便宜	价格略高	价格略低
易于修理	否	是
在尘土多和湿滑泥泞的环境中都能正常使用	不相关	不相关
能够载人载物	是	是
适合各种体型的骑行者	不相关	不相关

钢是最佳车架材质，因为几乎每项要求它都更符合。

第11页

提高车把手舒适性的方法：使用塑形把手；升高车把，让骑行者分配在手掌上的重量减少；使用宽阔的钢质车把（由于钢的延展性好，宽阔的车把能够产生一定形变减小震动）。提高臀部舒适性的方法：安装宽阔、带软垫的鞍座；使用钢质的长座杆。

第13页

可选的方法包括使用弯曲的上管，将上管与座管的连接处位置降低，或者用一根粗管连接头管和自行车的其他部分。其中使用弯曲的上管能让车架最为坚固。

第15页

设计概要	26英寸	29英寸	27.5英寸
坚固	3	1	2
在颠簸的路面也能舒适骑行	1	3	2
不易损坏	3	3	3
便宜	3	1.5	1.5
易于修理	3	1.5	1.5
在尘土多和湿滑泥泞的环境中都能正常使用	–	–	–
能够载人载物	3	1	2
适合各种体型的骑行者	3	1	2
总分	19	12	14

第16页

窄轮胎形变程度过高，轮胎几乎压到了车轮钢圈的边缘，这往往会造成轮胎破损。轮胎越宽，在坑洼路面上的形变程度就越小，不容易压到车轮的钢圈。所以，宽轮胎更结实，更能保证骑行舒适度，也更适合运载重物。

第17页

在旱季，路面比较干燥；在雨季，大多数时候是下午下雨。所以帕梅拉骑车上学的时间，路面是干的；即便到了放学时间，路面上积水、泥泞的可能性也不大。也就是说，光滑的轮胎可能是最合适的。

第19页

设计概要	变速器	内变速器	单速齿轮
坚固	1	2	3
在颠簸的路面也能舒适骑行	–	–	–
不易损坏	1	2	3
便宜	1.5	1.5	3
易于修理	1.5	1.5	3
在尘土多和湿滑泥泞的环境中都能正常使用	1	2.5	2.5
能够载人载物	3	2	1
适合各种体型的骑行者	–	–	–
总分	9	11.5	15.5

第20页

帕梅拉每分钟最多能骑294米（70 × 4.2＝294），也就是每小时17 640米（294 × 60＝17 640），相当于17.64千米/时。不过需要注意的是，没有人能连续一小时以全速骑车，或是连续一小时骑车爬坡。帕梅拉不可能全程以17.64千米/时的速度骑车去上学。

第22页

自行车载货的主要方式是用支架，支架可以安装在自行车的前面也可以安装在后面。有载人载物需求的自行车几乎都是采用车尾支架设计。

机器人

第32页

工作	所需技能
为患者派发食物和饮品	行动自如；能识别物体；能把物体递给患者；可能还得会说话，并能听懂人类语言
给患者发药	行动自如；能识别地点和患者；能识别物体；可能还得会说话，并能听懂人类语言
向患者解释治疗方案	会说话，能听懂人类语言；能回应信息
陪伴和娱乐患者（尤其是儿童患者）	会说话，能听懂人类语言；能回应信息；与电视等娱乐设施相连

第33页

1. 医院机器人一般需要看上去友善，否则可能会吓到患者。

2. 不，这个机器人需要做的任何工作都不用出力气。

3. 多个小而便宜的机器人可能可以比一个大而昂贵的机器人完成更多工作。小机器人也更适合作为生病儿童的机器人朋友。

第37页

工作	人形机器人	履带式机器人
为患者派发食物和饮品	1	1
给患者发药	1	1
向患者解释治疗方案	1	0
陪伴和娱乐患者	1	0

技能	人形机器人	履带式机器人
行动自如	1	1
能移动物体	1	1
能识别物体和人类	1	1
会说话并能听懂人类的话	1	0
能处理信息	1	1
能感知周围的环境	1	1
外表和行为友善	1	0
小巧、便宜	0	1

两种机器人分别得11分和8分，人形机器人胜出。

第41页

身高	身高的86%	床头柜高度	差值
150厘米（最初设计）	129厘米	75厘米	54厘米
100厘米	86厘米	75厘米	11厘米
90厘米	77厘米	75厘米	2厘米
80厘米	69厘米	75厘米	-6厘米

如果机器人身高90厘米，它的下巴只比床头柜桌面高2厘米。这是米娅的最矮身高。

第42页

1. 行走；2. 坐轮椅；3. 使用医用轮床。第2种和第3种方式都用到了轮子，所以两种机器人都可以。

第45页

这个问题并没有标准答案，因为测量数据和你们与摄像头的位置和图像大小有关。下面给出的结果只是一种可能的答案：

测量指标	朋友1	朋友2	朋友3	最大差值
1 双眼之间的距离	14毫米	13毫米	15毫米	2毫米
2 下巴到鼻子的距离	17毫米	14毫米	16毫米	3毫米
3 鼻子宽度	10毫米	8毫米	10毫米	2毫米
4 嘴巴宽度	15毫米	12毫米	16毫米	4毫米
5 耳朵高度	11毫米	8毫米	9毫米	3毫米
6 下巴到耳垂的距离	17毫米	20毫米	18毫米	3毫米
7 两只耳朵顶部的距离	36毫米	32毫米	33毫米	4毫米

根据以上结果，第2、4、5、6、7项指标应该最合适提供给软件设计师使用。

第47页

使用手指	纸杯	三明治	水杯	大个儿橙子
不用拇指	否	是	否	否
用一根手指和拇指	是	是	是	否
用两根手指和拇指	是	是	是	是
用三根手指和拇指	是	是	是	是

两根手指和一根拇指的手就可以满足米娅的工作需要了。

第51页

钛合金	铝合金	成本差额
150 × 1.8＝270英镑	50 × 1.8＝90英镑	180英镑

碳纤维	塑料	成本差额
75 × 1.2＝90英镑	10 × 1.2＝12英镑	78英镑

用更便宜的材料制作，总共能节省258英镑。

过山车

第61页

各个特色的百分比，四舍五入到个位：

下坡陡峭	81%
扭转和转弯多	68%
有地下区段	52%
突然加速	49%
部分区段有恐怖效果	30%
完全失重	27%
回环众多	19%

第64页

每名乘客的最大质量为2 900 ÷ 30＝96.6千克。座位的设计者会预留安全冗余量，从而在超重状态下也能支撑乘客的重量。

第66页

如果“俯冲王”过山车也按照完全相同的条件建造，也就是比“美国鹰”的每种材料都多42%，大约需要588 590米木材，99 002个螺栓，19 738千克钉子和48 280升油漆。

第69页

宽度：列车车身宽1.7米，并且需要在两侧各留出2.7米的空隙，总宽度为1.7＋2.7＋2.7＝7.1米。一边的空隙足够修建步行道。

高度：列车车身高2.09米，所以总高度为2.09＋2.7＋2.7＝7.49米

第72页

经过第一个回环，列车的速度降低31.2千米/时；经过第二个回环，速度降低27.84千米/时；经过第三个回环，速度降低22.8千米/时。经过连续回环，列车速度共降低81.84千米/时，因此，列车到迷雾之城的时候速度为58.16千米/时。

第77页

加速装置	优势	劣势
电磁弹射器	20世纪90年代开始使用，安全可靠 安静无声，所以有恐怖效果	消耗大量电力 启动可能有颠簸 速度较慢
液压弹射器	比电磁弹射器速度快 用电量小 启动更平稳	新技术，可靠性不确定 噪声大

第79页

列车从第一个坡下来时，下降高度为4米，其加速情况如下：

第1米：120＋4＝124千米/时

第2米：124＋8＝132千米/时

第3米：132＋12＝144千米/时

第4米：144＋16＝160千米/时

到达第一个坡底时，列车的行驶速度为160千米/时，当它爬上第二个坡时，需要上升2.5米，减速情况如下：

第1米：160－9＝151千米/时

第2米：151－18＝133千米/时

第3米：133－27＝106千米/时

所以，第二个坡顶端，列车的行驶速度为106千米/时。所以列车绝对可以通过第二个山坡！

第81页

大多数人都会认为在树林里感觉速度更快。这是因为在开阔的空间中，附近没有参照物，骑车人的大脑没有办法根据经过的物体估计列车的速度。而在林间小路上，附近有大量树木，人的大脑能够觉察出经过树木有多快，并推测出大概的行驶速度。

滑板场

第89页顶部

四舍五入到个位的结果：17%是初学者，33%是中级玩家，30%是高级玩家，20%是专业级玩家。

第89页底部

计算过程：

假设你所居住的城镇有127 000名居民。20分钟行程范围内的区域中有三个较小的居民区，居民数量分别为7 300人、7 100人和2 100人。

所以居民总数为127 000+7 300+7 100+2 100=143 500人。

本地区共有143 500×0.046=6 601名滑板玩家

如果你生活在比较温暖、干燥的地区：

增加6 601×20%≈1 320名滑板玩家

如果你生活的地方老年人居多：

减少6 601×25%≈1 650名玩家

第95页

方法	加分项	减分项
信号灯	玩家能够从任意一端进入 玩法更加多样 玩家能够利用全管从碗池之城的一端抵达另一端	可能没有看到红灯，从“错误”的一端进入全管
减速区	玩家无法从不同的方向进入全管 玩家有安全的减速区域 玩家能够利用全管从碗池之城的一端抵达另一端，中间还有休息区	只有一个入口，所以丰富性较差

即便安装了信号灯，滑板玩家和小轮车玩家还是有可能相撞。而减速区让相撞不可能发生。

减速区是最好的方法。

第99页

建筑材料	能耗		CO_2排放	
	总量	年均值	总量	年均值
混凝土	348 000千焦	7 733千焦	32 400千克	720千克
木材	96 000千焦	6 400千焦	4 800千克	320千克

第101页

大顶棚雨水收集量为：297×783.2=232 610.4升

小顶棚雨水收集量为：118×783.2=92 417.6升

两个顶棚共计收集雨水：325 028升

325 028升雨水够冲54 171次马桶（325 028÷6≈54 171）

第102页

10%的玩家会参赛并观看竞技比赛。28%的玩家会观看比赛，但不会参加。52%的玩家既不会参加比赛，也不会观看。10%的玩家不清楚。

也就是说，来滑板场的玩家中，超过一半的人对竞技并不感兴趣。

第105页

方法	滑板和小轮车玩家是否都能方便使用	会对其他使用者造成危险吗	成本（每米价格×53）
盘式拖牵	否	不会	750×53=39 750英镑
绳索牵引	小轮车玩家无法使用	不会	172×53=9 116英镑
电动步道	是	不会	595×53=31 535英镑

绳索牵引似乎是把玩家带回到滑道顶端的最佳方法。

第107页

你已经知道了理想的每米落差（0.043米）和总落差（8米）。滑道长度的计算方式为：

8÷0.043≈186米

要保持同样的每米落差（还有同样的速度！），新的滑道需要为186米长，比原设计方案短23米。

第108页

每周的总客流量为200+750=950人。

一年中有52周，所以全年客流量为52×950=49 400人。

如果每名玩家去厕所2次，每年总冲水次数为2×49 400=98 800次。

根据第101页“解难题”的计算结果，顶棚收集的雨水只够冲54 171次马桶。所以顶棚收集的雨水不够用来冲马桶，更不要说用来淋浴了。

体育场

第120页

3.5亿英镑的55%等于55 ÷ 100 × 350 000 000 ＝19 250万英镑

3.5亿英镑的35%等于35 ÷ 100 × 350 000 000 ＝12 250万英镑

3.5亿英镑的10%等于55 ÷ 100 × 350 000 000 ＝3 500万英镑

把三个数字加起来可以验算你的计算是否正确：19 250＋12 250＋3 500＝35 000万英镑＝3.5亿英镑

第121页

计算正方形的面积，你只要用边长乘以边长就可以了。暴露在外面的边长为1米－重叠的0.1米＝0.9米。每块金属板露在外面的面积为0.9 × 0.9＝0.81平方米。

鱼身的每一面面积为30 788平方米。

30 788 ÷ 0.81 ≈ 38 010块金属板

总共需要38 010 × 2＝76 020块金属板

第122页

计算过程为540 ÷ 1 000 × 100%＝54%，所以54%的人更希望在天气糟糕的时候有遮挡。至于其他选项，38.7%的人喜欢在户外，7.3%的人没有倾向性。

第123页

类似于华沙体育场那种编织物做成的房顶并不合适。体育场修建的地方经常下雨，气温也经常低于5℃。这两条都会导致屋顶无法开合。

像伞一样的坚硬的屋顶更合适。

第125页

像札幌巨蛋体育场一样，有两个不同的场地地面是很好的解决方法。

第127页

距离开场剩余时间	到达比例	到达人数	每隔3分钟到达人数
60 ~ 45分钟	15%	5 850	1 170
44 ~ 30分钟	30%	11 700	2 340
29 ~ 15分钟	25%	9 750	1 950

有轨电车的数量远远不够！我们需要能运送更多观众的交通工具。

第129页

2 × 63＝126，所以每个出入口每分钟能往一个方向运送126人。

4 × 126＝504，所以四个出入口每分钟总共能够单方向运送504人。

计算机程序要设定为当车站每分钟到达乘客的数量超过每分钟504人的时候，就打开“不要行走”的提示标志。

（如果要计算标志亮起时扶梯最大的输送能力，你可以用504乘以140%，也就是504 × 140 ÷ 100＝705.6）

第135页

两种显然能够使用的再生能源是：

1. 太阳能，因为体育场一年大多数时候每天的日照时间都超过6小时；

2. 风能，因为体育场当地的平均风速一直高于风力发电所需的最小风速。

空间站

第145页

每天的活动清单如下，其中斜体字的内容是非必需活动：

07:45–07:47	起床；上厕所（小便）
07:47–08:00	洗澡、刷牙
08:00–08:20	吃早饭
08:20–08:45	*乘公交车*
08:45–11:00	*上学/研究/工作*
11:00–11:20	喝水、*玩耍/休息*，上厕所（小便和大便）
11:20–13:00	*上学/研究/工作*
13:00–13:45	吃午饭，*玩耍/休息*
13:45–15:45	*上学/研究/工作*
15:45–16:00	*乘公交车*
16:00–17:00	*足球训练*；上厕所（小便）
17:00–17:30	*回家*
17:30–18:15	吃晚饭
18:15–20:00	*休息，看电视*
20:00–20:15	*不想睡觉*
20:15–20:25	刷牙，上厕所（小便），上床
20:25–07:45（次日）	睡觉
全天	呼吸

第147页

必需设施	非必需设施
科学实验室	游乐区域
洗漱设施	足球场
餐饮设施	学校/办公室
睡眠设施	电视房
卫生间设施	
食物及饮品	
呼吸用的空气	
入口/出口	

第149页

根据表格计算结果：

天空实验室的建造成本是每千克100 000美元。

和平号的建造成本是每千克56 000美元。

国际空间站的成本约为每千克255 754美元。

空间站的建造成本非常高昂。

第150页

空间站需要的最大用电功率为90千瓦。出于安全考虑，额外增加15%：

$90 \times 115 \div 100 = 103.5$千瓦

再除以12.9计算所需要的太阳能电池板数量：

$103.5 \div 12.9 \approx 8.02$

第153页

宇航员出入空间站的最好方法是通过有两道门的“气闸”。他们从一扇门进入气闸，关闭这扇门，再打开另一扇门走出气闸。这就意味着空间站内外的两种环境（空间站内的安全环境和空间站外的致命环境）只可能交替出现在气闸当中。

第155页

第一种豌豆是速度最慢的，破坏力也最小。用吸管吹出来的豌豆虽然和其他的豌豆大小一样，但是速度最快，所以产生的破坏力也最大。

第160页

睡在舱式床中的宇航员不会四处乱飘。给他们使用悬挂野营帐篷也不会飘走。而把他们裹得像襁褓中的婴儿一样，或者用木乃伊式睡袋都做不到这一点。如果把木乃伊式睡袋固定在什么东西上，宇航员睡在里面不会乱飘，但是身体也可以活动。

第163页

图片当中的运动分别是（从左到右）：

1. 骑健身车；2. 用弹力带锻炼四肢；3. 用弹力带锻炼躯干肌肉群；4. 击打拳击速度球（一种皮质的球，击打后能快速弹回）。

第165页

首先将所有区域的宽度加起来，也就是：

$100+100+90+80+50+90+60+90+50=710$厘米

环形区域的直径需要多大，外圈周长（环形外侧的总长度）才能达到上面这个数字呢？要解决这个问题，只需要将周长除以圆周率 π，一般用3.14来计算即可。这样就可以算出：

$710 \div 3.14 \approx 226$厘米

这个环形的直径需要2.26米，而实验室实际上的直径有2.5米，所以肯定能放得下所有仪器设备。

术语表

自行车

变速器：一种机械装置，通过改变链条和前、后不同大小的齿轮盘的组合来改变自行车的车速。

车脚撑架：臂状或框架结构，能够让自行车在没有额外支撑的情况下立在地面上。

齿轮：机器上有齿的轮状机件。

齿轮传动：齿轮副传递运动和动力的装置，能够影响骑行者的蹬车速度。

焊接：用高温让金属部件连接在一起。

货架：用来装载货物的架子。

内变速器：车轮的金属外缘与轮胎接触的部分叫作钢圈，内变速器就是设置在钢圈中间部分内部的变速器。

前叉：自行车和摩托车上连接前轮与车架的装置。

曲柄：自行车上安装脚踏板的配件。

设计概要：对设计产品中最重要的功能的大概描述。

锁死：使前叉变得没有弹性。

通勤：乘坐交通工具往返于家和学校或工作地点。

延展性：物体可以拉成细丝或是压成片状的特性。

养护：让专业人士进行检查，对自行车进行保养和维护。

直径：通过圆心并且两端都在圆周上的线段。

字体：文字的外形风格。

座杆：自行车鞍座与车架相连的管子。

座管：自行车车架上垂直方向的管子，上面可以加装座杆。

机器人

3D打印：把计算机上设计的立体形状通过机器打印出来。

USB：英文“Universal Serial Bus”的缩写，即通用串行总线，是计算机与外部设备的连接口。

处理未爆炸弹：让未爆的炸弹无害化。

单声道：声音从单一的音频通道发出。

定制：根据要求进行修改设计。

机器人学：研究机器人设计、建造和使用的学科。

恐怖谷（理论）：人类喜欢看上去明显不像人类和看上去非常像人类的机器人，却不喜欢和人类相似度在一个特定程度（长相可怕或奇怪）的机器人。

立体声：声音从多个扬声器中发出，让人感觉声音分布在空间里。

纳米机器人：十分微小，能够在人体中穿行的机器人。

人脸识别：从面部特征判断人的身份。

人形机器人：外形像人的机器人。
软件：控制计算机行为的程序系统。
声音识别：机器人识别、理解人说的话。
履带式机器人：靠履带或巨大轮子移动的机器人。
指关节：手指上两块骨骼连接的地方。

过山车

POV：英文“Point of View”的缩写，原意是“视点人物写作手法”，在这里指第一人称视角拍摄过山车视频。
垂直方向：与地面成直角的上下方向。
等级过山车：爬升坡高度大于120米的过山车（如京卡达过山车）。
断裂模数：表示某种材料折断时所需要的外力大小，断裂模数越大表示需要的外力越大。
“断头台”：过山车中乘客从距离头部上方很近的物体下经过。
可再生：能够通过自然力增长。
连续回环：过山车中一系列扁环形的轨道组成的区域。
链式过山车：靠转动的链条将列车送到爬升坡顶的过山车。
链条：机械上传动用的链子。一直转动的链条能够将过山车的列车拖到爬升坡顶。
模拟：对一种过程的模仿，通过模拟能够研究事物的发展进程。
爬升坡：过山车轨道中列车爬上的陡峭的高坡。
失效保护：防止某些装置破损或功能异常的备用方案。
压缩：借助外力将东西挤进狭小密闭的空间内。
液压：以液体为工作介质传递动力。

滑板场

™标志：商标标志，表明某人拥有一个词或一个名字的所有权，其他人不得使用。
垂直落差：起点和终点的高度差。
高台滑板：有垂直部分的碗池和U型池中进行的滑板活动。
哈巴：楼梯旁的区域，可以用来进行碾磨和其他动作。
回环：一种弯曲的滑行路径，需要从直立状态到身体水平，然后倒悬，最后回到直立状态。
减速区：能够安全、方便地减速的区域。
巨型U型池：非常大的U型滑道。
空中动作：跳跃或离开地面完成的动作。
起滑：进入碗池或U型池。
热身：让身体做好运动的准备。

蛇形滑道：光滑弯曲的下行滑道，用混凝土制成，通常末端与碗池相连。
小轮车：只有一个齿轮的小型灵活自行车。
营养物质：生长或保持身体健康所需的物质。
长板：一种板面更长并且轮子更大、更软的滑板。
轴承：轮子当中支撑轴的部件，通常是金属球，让轮子的转动更加顺滑。

体育场

暴露：可见或没有被覆盖。
出租：让其他人使用你的财产，你定期向对方收取一定资金。
电信：利用电话网络进行远距离通信。
关键词：在互联网搜索引擎中输入的文字指令。
鳞：鱼和爬行动物体表覆盖的用来保护皮肤的片状物。
气候：较长一段时期内的典型天气。
全球变暖：地球空气和海洋温度整体性提高，会导致地球气候的变化。
人工草坪场地：用人工材料制作而成的假草坪，常用作棒球、足球和曲棍球的比赛场地。
太阳能电池板：将太阳的光能转化为电能的装置。
涡轮：类似于螺旋桨的、旋转的轮状物，在转动过程中能够收集能量。
易达座位：残障人士，尤其是使用轮椅的人方便使用的座位。
预算：计划用于做某事的金额。

空间站

舱外活动：宇航员在太空飞行器外进行的活动。
肥料：加到土壤中，有益植物生长的东西。
隔音：通过特殊工艺让声音无法穿透。
轨道：恒星或行星周围的天体重复运动的路径。
核聚变：两个原子互相聚合并释放能量的过程。
金融危机：金融体系和金融制度发生混乱和动荡，会导致货币贬值。
太空旅游：花钱进入太空游玩。
微流星体：太空当中极小的天体。
微重力：重力非常小，几乎检测不到。
宜居：适合人类生活。
重力单位：1个重力单位即表示在地球表面受到的地球重力。

致谢
（缩写说明：m=中间，l=左边，r=右边，b=下方，t=上方）

“自行车”部分：
All images courtesy of Shutterstock.

“机器人”部分：
All photographic images courtesy of Shutterstock except p36 (m) Alamy; p39 (l) Getty Images; p39 (r) Alamy; p42 Wikimedia Commons; p56 Wikimedia Commons

“过山车”部分：
All photographic images courtesy of Shutterstock except for p60, 66b, 67t, 70b and 81t Wikimedia Commons and p65 Getty Images (Bloomberg/Contributor)

“滑板场”部分：
All photographic images courtesy of Shutterstock except for p96b Getty Images (Myung J. Chan/Los Angeles Times); p102t Alamy (©Hugh Peterswald/Pacific Press/Alamy Live News); p105t Alamy (©Martin Berry/Alamy Stock Photo); p107t Alamy (©Lenscap/Alamy Stock Photo); p112 Floriana/Flickr

“体育场”部分：
All images courtesy of Shutterstock except p121t, p124b and p136t Wikimedia Commons and p135 Alamy.

“空间站”部分：
All photographs courtesy of NASA except for p150 NASA/MSFC Historical Archives; p163 Shutterstock